BEI GRIN MACHT SICH IHR WISSEN BEZAHLT

- Wir veröffentlichen Ihre Hausarbeit, Bachelor- und Masterarbeit

- Ihr eigenes eBook und Buch - weltweit in allen wichtigen Shops

- Verdienen Sie an jedem Verkauf

Jetzt bei www.GRIN.com hochladen und kostenlos publizieren

Die bastardisierte Strömung. Fiktiver Gestaltungsansatz eines artifiziellen Daumenfittichs

Michel Felgenhauer

Bibliografische Information der Deutschen Nationalbibliothek:

Die Deutsche Nationalbibliothek verzeichnet diese Publikation in der Deutschen Nationalbibliografie; detaillierte bibliografische Daten sind im Internet über http://dnb.d-nb.de abrufbar.

ISBN: 9783964879684
Dieses Buch ist auch als E-Book erhältlich.

© GRIN Publishing GmbH
Trappentreustraße 1
80339 München

Alle Rechte vorbehalten

Druck und Bindung: Books on Demand GmbH, Norderstedt Germany
Gedruckt auf säurefreiem Papier aus verantwortungsvollen Quellen

Das vorliegende Werk wurde sorgfältig erarbeitet. Dennoch übernehmen Autoren und Verlag für die Richtigkeit von Angaben, Hinweisen, Links und Ratschlägen sowie eventuelle Druckfehler keine Haftung.

Das Buch bei GRIN: https://www.grin.com/document/1441071

Die bastardisierte Strömung
Bastardized flow
Michel Felgenhauer Berlin 2024

Eine erste Untersuchung der durch den fiktiven Gestaltungsansatz eines artifiziellen Daumenfittich an einem regulären technischen (Rechteck-) Tragflügel, bastardisierten Strömung zu beschreiben, kann ihrer grobskaligen Art nach nur ein erster Beitrag sein, das physikalische Phänomen fluidmechanischer Wirbelspulen im allgemeinen und deren Design, Herstellung und Betrieb in und an einem Auftrieb erzeugenden Aggregat weiter zu verstehen.

Describing a first investigation of the bastardized flow through the fictitious design approach of an artificial thumb fit on a regular technical (rectangular) wing can, in its coarse-scale nature, only be a first contribution to the physical phenomenon of fluid-mechanical vortex coils in general and their design, manufacture and To further understand operation in and on a buoyancy generating unit.

<u>Aus dem Inhalt:</u>

Einfache Flügel

Zu technischen Tragflügeln gibt es eine taugliche Modellvorstellung. Insbesondere für den Rechteckflügel A=b · t sind phänomenologische Modelle aussagekräftig, selbst wenn sie sehr einfach sind. Mit A [m^2] der Tragfläche, b [m] der Tragflügellänge und t [m] der über die Flügellänge konstanten Profiltiefe, existieren sinnfällige Parameter für eine erste, das geometrische Set-Up einschätzende Beschreibung. Der Schlankheitsgrad einer einfachen rechteckigen Tragfläche ist als: λ = b^2/A definiert. Nach Prandtl und gemäß des Kutta-Joukowski Theorems[1] folgt für die spezifische Auftriebskraft am rechteckigen Tragflügelmodell: L/b=ρ·v·Γ [Nm^{-1}]. Wir sehen den dynamischen Auftrieb L [N] als den senkrecht zur Anströmung stehenden Anteil, der aus dem Auftriebsgeschehen wirkenden Liftkraft und den Widerstand W[N] entlang der Wirklinie und die weiteren Zusammenhänge:

Größe	Zusammenhang	Einheit	Dim.	
Auftrieb:	L =(ρ/2)· b · t · C$_L$·v^2 ; L=ρ·v·b ·Γ	[N]	M·L·T^{-2}	(1.1)
Widerstand:	W =(ρ/2)· b · t· C$_w$·v^2	[N]	M·L·T^{-2}	
Partial-Zirkulation	Γ_P = 2 ·t$_p$ ·C$_{Lp}$ · v	[m^2 s^{-1}],	L^{2}T^{-1}	

Die Anströmgeschwindigkeit v = v∞ ist eine vektorielle Größe und wird in der euler'schen Betrachtungsweise in Komponenten (vx,vy,vz) angegeben. Im Lagrangen Tragflügelsystem wird die Anströmgeschwindigkeit v∞ gerne „scheinbare Geschwindigkeit" genannt, was praktische Vorteile birgt. So nimmt das körperfeste, lagrange Betrachtungssystem eine Richtungs-änderung als Geschwindigkeitsänderung wahr und umgekehrt! Die Koeffizienten C$_L$ und C$_w$ (Auftriebsbeiwert und Widerstandsbeiwert) sind von der Richtung Anströmgeschwindigkeit v∞, der Qualität des Profilquerschnitts (wing section) und den Widerstandseigenschaften in der Strömung (Form und Oberflächenreibung) abhängig. In der Regel werden die Koeffizienten als Funktion des Anstellwinkels des Tragflügelprofils angegeben tabelliert[2]. Hinsichtlich der Zirkulation ist der Schlankheitsgrad der Auftrieb erzeugenden Tragfläche und damit die Profiltiefe des Tragflügels, von Belang für den Entwurf artifizieller Auftriebs-Aggregate: die Zirkulation steigt an, mit t. Die Form (1) weist den Lift optional als eine Funktion der Zirkulation um den Tragflügel aus. Die Zirkulation Γ ist eine extensive Größe und sie ist konservativ! Extensive Größen dürfen sinnvoll addiert werden: sie sind superponierbar! Die Zirkulation ist anschaulich die Rotationsgeschwindigkeit in L·T^{-1} multipliziert mit einer Längendimension L, beispielsweise in einem Wirbelfadensektor der Länge Δs und damit eine extensive Größe. Nach Prandtl hängt die Zirkulation von der Wirbelstäke ω, der Profiltiefe t, der Systemgeschwindigkeit V∞ und dem spez. Auftriebsbeiwert CL ab. Diese Beziehung ist von praktischer Relevanz. Anders als extensive Größen, sind intensive Größen „spezifische" Größen! So ist die Dichte eines Mediums die Masse des Mediums pro Volumeneinheit, also: M·L^{-3}, der Druck ist die Kraft pro Fläche: M·L^{-1}·T^{-2} und die Temperatur ist die Energie pro Masse. Intensive Größen sind nicht kumulativ.

Die Superponierbarkeit intensiver Größen lässt die Kumulation partieller Größen zu. Aus dieser Modellvorstellung leitet sich beispielsweise die Simulation der aufgefingerten, vormals als kompakt angesehenen Tragfläche ab, ein Szenario, das bei biologischen Tragflächen gesehen wird. Hilfreich für numerische Modelle sind auch technische Partial-Tragflächen und es erscheinen mit dem lokalen Liftbeiwert und der Profiltiefe der Partial-Tragfläche t$_p$ [m] in Form (2). Das ist immer dann von Bedeutung, wenn neben der primären Modelltragfläche sekundäre Auftrieb generierende (Partial-) Systeme im fluidischen Modell auftauchen.

Das später angeführte numerische Modell geht davon aus, dass ein Flugsystem einen Raum durchfliegt in dem sich ein beliebiges Fluid aufhält; wir sehen: das Modell eines Korridors.

Verallgemeinernd kann das Flugsystem auch eine Finne sein, die im Medium Wasser arbeitet und dann einen Korridor durchsegelt. Das Simulationsprogramm rechnet grundsätzlich den gesamten deklarierten Strömungsraum; es besteht die Möglichkeit Kontrollvolumina zu extrahieren. Die Messstrecke in diesem Analyseraum beginnt an einem Punkt X0 im Korridor; jetzt startet auch die diskretisierte Zeit t und endet nach LE Längeneinheiten einer vereinbarten Strecke. Der unberührte Strömungsraum soll das ruhende Feld darstellen. Dies unterscheidet den Korridor von einem Windkanal-Setup, das ein bewegtes Medium simuliert. Das Simulationsmodell bilanziert in diesem Analyseraum fluidmechanische Parameter. Der Korridor und damit der inhärente Analyseraum (Euler) enthält Stützwerte und Gitterpunkte der numerischen Simulation und ihre Koordinaten. Und das Korridormodell lässt weitgehend Skalierungen der in den Strömungsraum eingesetzten Geometrien (Lagrange) zu. Die Systemgeschwindigkeit v∞ und die Zirkulation Γ um die Randbogenkontur der Tragfläche sind Anfangsrandbedingungen der Simulation.

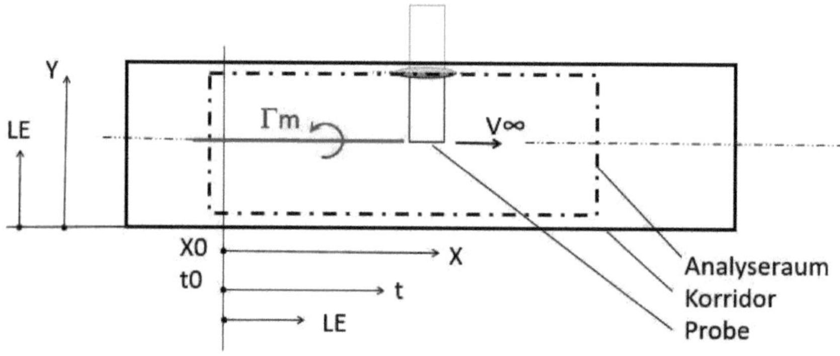

Abb. 1: Korridormodell. Der Analyseraum, die bewegte Probe und in das ruhende Fluid. Die Systemgeschwindigkeit v∞ und der abgelegte Wirbelfaden der Tragflügelkontur (rot, mit Γ).

Wirbelfadensysteme

Im numerischen Korridormodell sind die Induktionswirkungen von Wirbelfadensystemen auf das Fluid von Interesse. Diese stammen von einem mehr oder weniger komplizierten Erzeugendensystem her. Das Erzeugendensystem ist die Störkontur und in unserem Fall eine Auftrieb erzeugende Tragfläche, die durch den Korridor bewegt wird.

Physikalische Phänomenologie: Eine Tragfläche mit einem kompakten Tragflügelende hinterlässt im Analysekorridor ein zusammenhängendes kohärentes Wirbelmuster; in dem hier beschriebenen Fall einen eindimensionalen singulären Wirbelfaden. Das innere Milieu des Wirbelfadens wird mit der Wirbeligkeit (Vortizität, Wirbelstärke) ω [s^{-1}] bzw. der Zirkulation Γ [m$^2 \cdot$s^{-1}] an jeder Stelle des Wirbelfadens beschrieben, in Richtung und Betrag.

Zu Beginn des 19ten Jahrhunderts sind die theoretischen Fundamente einer Wirbeltheorie bereits Stand der Wissenschaft. William Thomson (der spätere Lord Kelvin) findet das Zirkulationstheorem und steht in den 50er Jahren des 19ten Jahrhunderts in Kontakt mit Hermann von Helmholtz in Berlin, der die Stabilität von Wirbeln in Raum und Zeit in reibungslosen Flüssigkeiten erkennt. Helmholtz's Fundamentalsatz der Kinematik (1858) betrifft die allgemeine Ortsveränderung eines deformierbaren Körpers hinreichend kleinen Volumens als Summe einer (1) Translation, einer (2) Rotation je einer (3) Deformation im dreidimensionalen Raum. Der Fundamentalsatz ist unmittelbar auf das Bewegungsgeschehen von Wirbeln anwendbar. Die Helmholtz'sche Wirbeltheorie behandelt (auch) fadenförmige Strukturen. Die drei Wirbelsätze wurden von Hermann von Helmholtz um 1859 formuliert:

Erster Helmholtz'scher Wirbelsatz: In Abwesenheit von wirbelanfachenden äußeren Kräften bleiben wirbelfreie Strömungsgebiete wirbelfrei.

Zweiter Helmholtz'scher Wirbelsatz: Fluidelemente, die auf einer Wirbellinie liegen, verbleiben auf dieser Wirbellinie. Wirbellinien sind daher materielle Linien.

Dritter Helmholtz'scher Wirbelsatz: Die Zirkulation entlang einer Wirbelröhre ist konstant. Eine Wirbellinie kann deshalb im Fluid nicht enden. Wirbellinien sind geschlossen, buchstäblich unendlich oder laufen auf den Rand.

Im numerischen Korridormodell werden Induktionswirkungen von Wirbelfadensystemen berechnet. Räumliche Induktionswirkungen sind die so genannten „induzierten Geschwindigkeiten" in einem Strömungsfeld. Ihre Ursache und ein hiermit in Zusammenhang stehendes physikalisches Phänomen ist die Induktion von Impuls p [kg m s^{-1}] in das Feld immer dann, wenn sich Wirbelstrukturen im Feld aufhalten. Man spricht dann von der **„Impulsforderung des Strömungsfeldes"**.

Ein Wirbelfadensystem das die Impulsforderung des Raumes befriedigt, ist in diesem Sinne das **Lagrange Kohärente System** (Lagrange Coherent System, LCS). Eine Theorie Lagrange Kohärenter Strukturen wurde in den frühen 2000er Jahren am Lefschetz Center for Dynamical Systems der Brown University, später an der ETH Zürich, dort am Department of Mechanical and Process Engineering, entwickelt. Das Akronym LCS (Lagrange Coherent Structures) stammt von Haller & Yuan (2000).

Jedes LCS (Haller) und jeder Wirbelfaden (Helmholtz) besitzt eine bestimmte **„Wirkmächtigkeit"** die in erster Linie von seinem inneren Milieu, seiner Kondition der Vortizität ω, abhängt und von der Lagrangen Ausrichtung des LCS im Feld. Die Wirkmächtigkeit ist der in die Strömung eingebrachte (Impuls-) Bruttobetrag, und damit die Impulsforderung des Feldes! In einem numerischen Modell existiert diese in das System induzierte Größe nur zu einem einzigen Zeitpunkt, nämlich nach ihrer Berechnung und vor der (numerischen) Kumulation im Feld. Sie muss an diesem Ort und zu diesem Zeitpunkt erhoben werden, ansonsten kompensiert sie lokal. Die Wirkmächtigkeit ist die Kumulation aller jemals in das Feld eingebrachten Induktionswirkungen. Anders als die Wirkmächtigkeit einer Impulsinduktion ist die physikalische (Wechsel-) Wirklichkeit das sichtbare Berechnungsergebnis der Simulation: die **Impulswirkung**. Die Impulswirkung ist also das „Netto", das sichtbar bleibt, nachdem alle (rein mathematischen) Kompensationen an jeder Stelle im Feld und bilanziert über das Feld, stattgefunden haben. Warum ist das so?

Bei allen konservativen Prozessen im Raum kann es zu Kompensationen kommen und physikalische Effekte heben sich gegenseitig auf. So kann ein induzierendes System A auf der körperfesten, Lagrangen Ebene jede Menge Impuls in das Feld einkoppeln, ohne dass diese Produktion auf der Euler-Ebene überhaupt sichtbar wird einfach deshalb, weil das benachbarte und ebenfalls (Impuls) induzierende System B die Impulswirksamkeit im Feld teilweise oder vollständig aufzehrt. Diese komplizierte Argumentation noch erschwerend kommt hinzu, dass das System B und das System A die unglücklich verlegten Arme ein und desselben Wirbelfadensystems sein können[3].

Der Impuls p=mv ist eine vektorielle Größe und die Induktion von Impuls ist pfad- und richtungsabhängig im Raum und hängt außerdem von der Dichte des Mediums ab. Der spezifische induzierte Impuls i=(p/m) besitzt die Einheit der induzierten Geschwindigkeit v_i [ms⁻¹]; und es ist richtig, diese vektoriellen, pfadbehafteten Größen gleichzusetzen. Die Pfadabhängigkeit Lagrange Kohärenter Wirbelfäden und deren Induktionswechselwirkungen spielen die Hauptrolle im Feld und in der Bilanzierung des fluidischen Korridors. Das Modell evaluiert den spezifischen induzierten Impuls an jeder Stelle im Korridor.

Numerisch wird das Auftauchen von Impuls in einem Feld als iterativer Vorgang behandelt: eine Kumulation partieller Impulswirkungen! Das ist dem Umstand geschuldet, dass das numerische Modell nicht synchron und parallel sondern (nur) sukzessive asynchron arbeitet.

Flügel, Kraft- und Arbeitsmaschinen

Dass sich das Auftriebsgeschehen an einem Tragflügel nach Prandtl so leicht berechnen lässt täuscht darüber, dass es sich beim Fliegen um einen sehr komplizierten Vorgang handelt. Selbst im ruhenden Fluid! Ein Vogel oder ein Modellflugzeug, das durch den Korridor segelt, arbeitet ein Höhenpotential ab. In einem ruhenden, als auch im bewegten Fluid ist dieser Vorgang ein „Arbeitsprozess". Das Flugsystem koppelt Energie in das Feld ein.

Ganz anders ein Windrad. Die Strömungsenergie, die in einem bewegten Fluid steckt, hängt von der Dichte des Mediums ab; bei Luft ist die Energiedichte eher gering. Deshalb sind Windmühlen meistens groß. Die Energiewandlung ist hier ein „Kraftprozess". Der „Repeller" eines Windrades entkoppelt Energie aus dem Feld. Windmühlen sind Kraftmaschinen.

Sinnfällig wiederum, der Propeller. Als Arbeitsmaschine koppelt der Propeller Energie in das Feld ein mit dem Ziel, Reaktionskräfte zu erwirken. Die reaktiven Kräfte werden als „Schub" messbar. Aus dieser Perspektive ist der Unterschied zwischen einer (Wind-) Kraftanlage und einer (Wind-) Arbeitsmaschine, einem Fön etwa, leicht zu verstehen. Tatsächlich zeigen Messungen in der Ebene eines Windrad-Repellers, dass hier die Strömung verzögert und (Strömungs-) Impuls übertragen wird: aus dem Feld heraus und in die Maschine hinein. Natürlich kann die Impulsübertragung nicht vollständig gelingen, denn die verbleibende Strömungsgeschwindigkeit im Feld kann nicht auf den Wert Null absinken (Betz, 1920). Der Kraftprozess an einem Windrad kann an einem Windkanal hervorragend erklärt werden; aus gutem Grund: die Energieentkopplung erfolgt am und wegen des bewegten Mediums[4].

Beim Fliegen durch den Korridor ist es genau anders herum: hier bewegt sich der Flügel und das Medium ruht. Die Kontinuitätsgleichung und die Gleichung von Bernoulli tragen den theoretischen Ansatz Prandtls, der aus der Untersuchung bewegter Fluide stammt. In einem Korridor mit ruhendem Fluid taucht nun das Problem auf, dass es von einem neutralen Standpunkt aus zunächst nicht einzusehen ist, dass man das von Prandtl Gesagte auf die Bewegung eines Flugsystems durch das stehende Medium überhaupt anwenden darf!

Ohne Störung fließt in einem ruhenden Fluid, keinerlei Strömung ab; nirgendwo. Alles, was fluidmechanisch geschieht, muss sich zunächst in einem dreidimensionalen Feld ruhenden Kontinuums abspielen. Betrachten wir die Vorgänge beim Korridorflug aus der Perspektive des unbewegten Mediums im euler'schen Raum: Beim „Fahren eines Flügels" durch ein stehendes Fluid erfährt dieses fluide Kontinuum eine Reihe komplizierter Deformationen. Die Deformationen stammen aus einer Wechselwirklichkeit des bewegten Tragflügels. „Gefahren" soll hier heißen: einseitig eingespannt und endlich; wir imaginieren ein Tragflügelprofil, eine Ober- und eine Unterseite und am Flügel-Tip einen Randbogenbereich (Abb.1). Aus der Sicht des Fluides und der Anfangsrandbedingung eines „unberührten" Feldes ist der Flügel eine „Störkontur!" Unterhalb dieser Störkontur beantwortet das Fluid den für die Verformung des Kontinuums erforderlichen Impulseintrag mit einer Abwärtsbewegung. Diese Abwärtsbewegung des Fluids ist lokal. Sie findet nur statt in der Umgebung der Störkontur und sie bewegt sich mit ihr mit. Am Flügel und für die Beobachtung des Phänomens „Abwärtsbewegung des Fluids nach

Impulseintrag" hat sich das Narrativ „Downwash" (deutsch: Abwind) etabliert. Der Begriff Downwash[5], stammt aus der Zeit, als man begann, das Strömungsfeld um Helikopterpropeller zu untersuchen. Wie die Phrase „Wash" bereits suggeriert, fügt auch hier eine bewegte Störkontur dem Kontinuum Deformationen zu. Die Deformationen führen dazu, dass dem Impulstransfer im Feld eine massive Umverteilung von Materie folgt. Hier, beim Helikopterpropeller, ist die Situation intuitiv und gut zu verstehen.

Wir kennen den Tragflügel als ein Auftrieb erzeugendes Ding. Und er ist uns sehr vertraut. Reale Tragflügel sind endlich, finit. Als fluidmechanische Konsequenz dieser (irgendwo im Beobachtungsraum) endenden Tragfläche, erfolgt ein sehr eleganter Strömungsvorgang und so kommt es während der Fahrt durch das ruhende Fluid zu einer ausgleichenden Strömung am Ende des endlichen Tragflügels und um die Randbogenkontur herum. Dort, an der bewegten Randkontur des Tragflügels, wickelt sich nun eine Wirbelstruktur auf, die sinnfällig Randwirbel[6] genannt wird. Wenn wir der Argumentation folgen, dann koppelt die bewegte Störkontur in einem unbewegten Fluid sowohl beim DownWash, als auch mit den Randwirbeln bei der Umströmung an der endlichen Kontur, kinetische Energie in das Feld ein. Die Energie stammt aus der Bewegungsursache und geht dem Fahrsystem verloren. Für den Energieverlust in den Randwirbeln hat sich der Begriff des „induzierten Widerstands" etabliert, in semantischer Abgrenzung zu Reibungs- und Formwiderstandskräften einer im Fluid bewegten Störkontur. Aber auch die von der Tragfläche abwärts beschleunigte Fluidmasse zehrt Energie. Gleichzeitig kommt die Tragfläche in den Genuss des Auftriebs im (immer noch) stehenden, nunmehr aber deformiertem Medium. In Fahrt herrscht ein Gleichgewicht aus Energietransport und Bewegung. Ein Gleichgewicht aus Impulsaustauch und der lokalen Deformation des Mediums, das ja ein Kontinuum bleibt! Der Energietransfer an einem bewegten Flügel hat seine Ursache in der lokalen Deformation des Kontinuums, bei welcher (Fluid-) Masse beschleunigt wird. Soviel zum Thema DownWash.

„Induzierter Widerstand eines Randwirbels" ist sehr wahrscheinlich ein unglücklicher Begriff. Zumindest in der nachfolgenden Argumentation um das Randwirbelgeschehen an einer Störkontur. Tatsächlich werden „Induktionsvorgänge in einem Feld" thematisiert immer dann, wenn von der Impulswirksamkeit einer Wirbelstruktur die Rede sein wird, aber eine von einem Randwirbel in das Feld induzierte Kraft – beispielsweise entlang einer Wirklinie, wie wir das von ordinären Kräften kennen - gibt es leider nicht. Dennoch liefert der Berechnungsansatz Prandtls für den „Induzierten Wiederstand" dermaßen zutreffende Ergebnisse, dass dieser selbst nach einhundert Jahren zum festen Repertoire der Strömungssimulation gehört. Neben dem „DownWash" kennt man inzwischen auch den „SideWash", ein Narrativ, das den physikalischen Verlustvorgängen am technischen Tragflügel tatsächlich nahekommt.

Vorüberlegungen

der Tragflügel segelt durch das stehende Feld gerade so, dass seine Tragflügelspitze den Kontrollkorridor von Anfang bis Ende durchgleitet und eine Wirbelspur sichtbar wird. Aus der Sicht des Tragflügels (der Lagrangen Sicht) entsteht das fadenförmige Wirbelfilament in der Randbogenzone des singulären Tragflügels und fließt kontinuierlich als ein zusammenhängendes Wirbelsystem stromabwärts, ab. Dieser Wirbelfaden ist kohärent und energiereich und stabil! Von einem Wirbelfaden wissen wir, dass sein inneres Milieu durch die Wirbelstärke charakterisiert ist und in einer ersten Modellvorstellung als eindimensionales Fadenfilament im Sinne der Helmholtz'schen Wirbelsätze abgebildet und als Lagrange Kohärentes System beschrieben wird (Helmholtz 1858 und Haller2000). Daraus leitet sich prinzipielles Instrumentarium für eine numerische Simulation ab.

Welcher Forschungsfragen gilt es sich nun und künftig zuzuwenden, oder kurz: wo steckt das Problem? Der aus der Sicht des Tragflügels stromabwärts abfließende Wirbelfaden ist das Problem. Er bindet einen erheblichen Teil der Energie, die zum Fliegen aufgebracht wird. Nach Prandtl* gibt es einen funktionalen Zusammenhang für den durch Randwirbel induzierten Widerstand in einem Medium mit der Profiltiefe, der Profilqualität und der scheinbaren Anströmgeschwindigkeit, die auch den Anströmwinkel enthält; somit:

Größe		Zusammenhang	Einheit	Dim.
genereller Widerstand*	W	$= \rho/2 \cdot t \cdot b \cdot C \cdot v^2$	[N]	$M \cdot L \cdot T^{-2}$
Koeffizient* (induzierter W.)	Ci	$= CL^2 / \pi / \lambda$	[-]	
Tragfläche (rechteckig)	A	$= b \cdot t$	[m^2]	L^2
Aspect Ratio	λ	$= b^2/A = b^2/t \cdot b$	[-]	
Induzierter Widerstand	Wi	$= F(t^2 \cdot C_L^2 \cdot v^2)$	[N]	$M \cdot L \cdot T^{-2}$

Aus der messtechnisch- experimentellen Praxis am Windkanal weiß man, dass die realen Verluste noch weitaus intensiver sind und gemessen am Gesamtwiderstand der so genannte „vom Flügel induzierte" Anteil 80% übersteigen kann. Anders ausgedrückt, lässt sich Form- und Friktionswiderstand (genereller Widerstand) aus den Messergebnissen herausrechnen, der Rest bleibt anderen Interpretationen vorbehalten. Der große vom Flügel induzierte Anteil des Gesamtwiderstands mag durchaus auch ein Zeichen dafür sein, dass man die anderen Problemzonen des fluidmechanischen Auftriebsgeschehens mehr und mehr zu beherrschen lernt (Technik) oder auf der anderen Hand, die Tragflügel der belebten Natur nicht vollständig verstanden werden (Biologie). Bei biologischen Fliegern mit aufgefiederten Randbögen (Landsegler) und ihren Präparaten im Windkanal fallen die vom Flügel induzierten Widerstandsanteile etwas moderater aus. Eine allen anderen übergeordnete Forschungsfrage wäre, herauszubekommen, warum das so ist.

Der Preis, den man zahlt, wenn man fliegen möchte, wird ganz offenbar über die Impulsinduktion am freien Tragflügelende bestimmt: no free lunch! Und eine gewisse Hoffnung keimt auf, gerade weil man den Eindruck haben muss, dass die so genannte Lehrmeinung (Traglinientheorie) immer weniger hinterfragt wird, je länger sie vertreten wird und selbst hundert Jahre nach Prandtls (1918) Suche nach einer Theorie des Fliegens, wesentliche Aspekte eines in das (ruhende) Fluid eingebrachten Wirbels schlecht untersucht bleiben[7]. So ist der Stand der Wissenschaft etwa in der Frage, welcher physikalische Mechanismus einen Wirbel schwächt oder ihn im Gegenteil erst aufbaut, keinen Falls eindeutig! Auch die Frage nach einem „guten Wirbel" (proper vortex: ein Wirbel, wie er sein soll) irritiert die herrschende Lehrmeinung und erhellt sie nicht!

In der Diskussion um das Randwirbelgeschehen an einem Tragflügel, der Auftrieb erzeugt und besonders nach dem Erscheinen der so genannten „Winglets" an Serienflugzeugen, kam die Frage auf, ob diese wohl nach dem Vorbild des aufgefingerten Vogelflügel funktionieren mögen? Oder auch gerade nicht. Den strömungsdynamischen Erfolg der nun in vielfältiger Gestalt auftauchenden Winglets erklärte Prof. Rechenberg[8] in den 80er Jahren gerne so:

>*wenn es gelingt, den Randwirbel auch nur „ein wenig zu verschmieren", dann sinkt der induzierte Widerstand am Tragflügel!<*

Aus heutiger Sicht klingt das immer noch sehr plausibel. Und als Phänomenologie funktioniert diese Faustregel auch. Die elliptischen Randbögen einiger Jagdflugzeuge des II. Weltkrieges und später auch jene ziviler Verkehrs- und Hochleistungssegelflugzeuge „führen das Wirbelgeschehen an den und um die Tragflügelspitzen herum spazieren" und sind tatsächlich widerstandsärmer als der konventionelle, technische Rechteckflügel. Aber so hatte der Professor das vielleicht gar nicht gemeint. Vielmehr hatte man am Fachgebiet Bionik in Berlin immer den am Randbogen aufgefingerten technischen Tragflügel auf dem (Forschungs-) Plan. Das Geschäft um den induzierten Widerstand machten dann Andere.

Stand der Technik sind also Winglets[9]. Sie werden in Verbindung gebracht mit der Minderung des Induzierten Widerstands am technischen Tragflügel. Es ist aus heutiger Sicht sehr spannend zu recherchieren, welche Fragen und Forschungsergebnisse nach den 1990er Jahren die Entwicklung der nunmehr flugtechnisch zugelassenen und in der zivilen Luftfahrt tatsächlich kommerziell nutzbaren Winglets, unterstützten.
Als grundlegend für die Erforschung biologischer Vorbilder als Grundlage technischer Winglets gilt die Arbeit von Tucker (1993)[10]. Die Modelluntersuchungen erfolgen mit Geometrien eines geschlitzten (vormals kompakten) Randbogens an einer Rechtecktragfläche. Smith and Komerath et.al.[11] veröffentlichen 2001 Ergebnisse aus Windkanalversuchen, in denen die Wirbelkerne von Mehrfach-Winglets eine Kette bilden (Chain-Configuration). Entz und Correa et al.[12] finden für den dreifingrigen Fall eine Verbesserung der Auftrieb/Widerstands-Performance von 12% bis 14% gegenüber dem geschlossenen Randbogen an einer Modelltragfläche. Eine numerische Analyse der 3er Konfiguration beschreibt Thimmegowda et al.[13]Ebenso untersuchen Sevillano et al.[14] Winglets für sehr kleine Flugaggregate. Das Wirbelsystem hinter Winglet-Konfigurationen untersuchen Zang, Wanng und Fu[15]. Ausgeführte Konstruktionen der zivilen Luftfahrt untersucht Ning und Kroo[16] und Merryisha und Rajendran[17]. Sowie vergleichend Scholz[18]. Einen experimentellen Vergleich zwischen einem einzelnen und einem Multi-Winglet zieht Balagurumurugan et al.[19] Ein numerisches Modell (Fluent) eines Mono-Winglets beschreibt Abdelghany et al.[20] Vom Vogelflügel inspirierte Winglets untersuchen Hossain, Rahman et al.[21] Ausgeführte Winglet-Konstruktionen untersucht Putro und Pitoyo, et.al.[22]
Die letzte Veröffentlichung eines geschlitzten Randbogens aus dem Berliner FG Bionik und Evolutionstechnik liefert Stache (2006)[23]. Eine kürzlich veröffentlichte Untersuchung zu aus der Biologie inspirierten Multi-Winglets, stammt von Yussof et al. (2022)[24] mit einer 7-zähligen Auffingerung am Randbogen einer Modelltragfläche.

Die weitere Fiederung
Der aufgefächerte technische Tragflügel, der wie ein gefiederter biologischer Tragflügel aussieht ist heute, nach einem halben Jahrhundert zeitweise akribischer Bionik-Forschung, immer noch ein nicht eingelöstes Versprechen und bleibt eine Vision und seine wissenschaftliche Auserforschung ein „Cold Case". Die Evolution der Vogelflügel ist eigentlich ein gut untersuchtes biophysikalisches Phänomen. Eine Besonderheit bleibt bis heute nur die flugbiologische Funktion der Daumenfittiche (Alula spuria, englisch, auch: „bastard wing"), die die Federn am Daumen des Vogelflügels bezeichnen. Bei Landseglern sind die Daumenfittiche ausgeprägt und werden dort in Flugmanövern am häufigsten prozessiert.
Nach Stand der Wissenschaft und Lehrmeinung zum Vogelflug, hat der Daumenfittich die Aufgabe, die Luftströmung über dem Flügel auch bei steilem Anstellwinkel nicht abreißen zu lassen, so dass der dynamische Auftrieb des Flügels erhalten bleibt. Die Alula erfüllt demnach die gleiche Aufgabe wie der Vorflügel bei Flugzeugen (Nachtigall 1971, Perez 2001).

Jüngere theoretische Untersuchungen an numerischen Tragflügelmodellen nehmen die Spur der Untersuchungen aus den 80er Jahren erneut auf. Simulationsergebnisse aus numerischen Modellen deuten darauf hin, dass dem aufgefiederten Vogelflügel im fluidischen Nachlauf der Tragfläche ein spiraliges Wirbelsystem folgt (Felgenhauer 2023). Das schon damals als fluidmechanische Wirbelspule (WSP) bezeichnete Wirbelsystem, unterstützt den physikalisch wirksamen Impulsaustausch, der zu einem Schub in der Strömung führt. Diese Schubkraft wirkt dem fluidischen Widerstand des biologischen Flugsystems entgegen und mindert ihn. Weitere Simulationsergebnisse aus den numerischen Modellen fluidmechanischer Wirbelspulen legen die Vermutung nahe, dass auch die Daumenfittische der Landsegler einen Beitrag leisten, zur Ausbildung fluidmechanischer Wirbelspiralen und somit das Widerstandsgebaren des Gesamtsystems vorteilhaft beeinflussen.

Mit einer Einbeziehung der Daumenfittiche (Alula spuria) der Landsegler erhält die Forschung über fluidmechanische Wirbelspulen eine andere Ausrichtung. Nicht mehr das wohlgestaltete Tragflügelende des biologischen Systems als Vorbild für innovative Technik und damit die physikalische Leistungsfähigkeit des biologischen und technischen Arrangements stehen im Rampenlicht der rezenten Bemühungen, sondern vielmehr die Frage nach einem allgemeinen Fall der Widerstandsminderung durch gestalterisch klug platzierte Wirbel und Wirbelkonfigurationen; mehr noch: die Frage nach einem physikalischen Lösungsprinzip aus dem Wirbelgebaren um den „Bastard-Flügel".

Prinzipielle Lösung bezeichnet in der systematischen Entwicklung technischer Systeme das gegenüber einem zu gestaltenden Produkt neutrale physikalische Lösungsprinzip. Im Lösungsprinzip spiegelt sich das Lastenheft der Gestaltungsaufgabe wieder, das alle erforderlichen Systemeigenschaften enthält[25]. Von Belang ist die Produktneutralität des mechanischen oder fluiddynamischen, des physikalischen Lösungsprinzips, das formal bekannt ist, vom Stand der Technik und der Wissenschaft und Gegenstand der rezenten Lehrmeinung. Dem Regelfall.

Am Anfang in der Ausentwicklung eines Lösungsprinzips am Rande oder außerhalb der herrschenden Lehrmeinung, steht nicht selten ein physikalisches Phänomen, wenig bekannt und selbst beobachtet oder von Anderen beschrieben, seither überliefert oder nichtkausal und aus unsauberen Messungen, Berechnungen, Modellierungen und Simulationen stammend oder aus irgend einem anderen Grunde eine Wirkung nahe legt. Wobei die Phänomene meist ästhetische Phänomene sind, also sinnlich wahrnehmbare Geschehnisse, die sich formaler Kalküle (physikalischer Theorie) oder methodischer Beschreibbarkeit (mathematischer Theorie) entziehen (Beispiele[26]). Prinzipielle Lösungen am Rande oder außerhalb der herrschenden Lehrmeinung bergen ein hohes Risiko. Solange jedenfalls Wissenschaft nicht als das Durchkämmen von Datenblöcken etablierter Fakten und die Zitation tradierter Theorien verstanden wird (KI, Big Data), bleibt Wissenschaft das wunderbar offene und unvollständige Gewebe, gerne auch das für ein einzelnes Forscherleben vorläufige Gestrüpp, das seit Jahrhunderten und mit jeder gelösten Aufgabe zehn neue unbeantwortete Fragen erzeugt. Uns hat man vor fast einem halben Jahrhundert erzählt, dass Forschung ein unvollendetes Gebäude ist und Wissen erschaffen eine Berufung. Inklusive Berufsrisiko. Irgendwie der Gegenentwurf zu Big Data und der so genannten künstlichen Intelligenz.

Alula könnte solch ein Phänomen aus wissenschaftlichem Gestrüpp sein. Für Werner Nachtigall ist 1970 die Alula Spuria ein Hochauftriebserzeuger. Damals werden an der Universität Saarbrücken und zur Klärung der aerodynamischen Funktion des Daumenfittichs, Messungen der Luftkraftkomponenten an Vogelflügeln mit angelegter und abgespreizter Alula durchgeführt, Rauchkanalmessungen der Flügelumströmung gemacht und die großen Anstellwinkel von Vogelflügeln im Bremsanflug durch Hochfrequenzregistrierung bestätigt[27]. Man ist in den 70ern der Ansicht, dass die abgespreizte Alula spuria bei hohen Anstellwinkeln ein Abreißen der

Strömung auf der Flügeloberseite verzögert oder verhindert und fühlte sich durchaus aufgerufen, eine technische Analogie zu avisieren. Und im Grunde genommen ist nach der Lektüre dieser ausgezeichneten Analyse, dem auch ein halbes Jahrhundert später nichts oder nur wenig Bedeutsames hinzuzufügen. Biologie und Technik. Hierzu muss man wissen, dass Nachtigall, der Naturwissenschaftler in Saarbrücken und etwa zur gleichen Zeit (1972) Ingo Rechenberg, der Luftfahrtingenieur in Berlin als die Begründer der modernen wissenschaftlichen Bionik firmierten und hier wie dort den universitären Forschungs- und Lehrbetrieb aufbauen. 1990 entsteht die Gesellschaft für Technische Biologie und Bionik, GTBB[28]. Ob die Forschungsfragen der frühen 70er Jahre von wem auch immer, letztendlich beantwortet wurden, ist nicht öffentlich. Immerhin verdanken wir Nachtigall den konnotativen Hinweis auf eine „bastardisierte Strömung"[29] um den biologischen Tragflügel der Landsegler.

Alvarez, Meseguer und Perez (2001)[30] gehen in ihrer Untersuchung über die Hochauftriebsszenarien des Landeanflugs hinaus und untersuchen den stationären Flug unterschiedlicher biologischer Tragflügeltypen (Schlankheitsgrad λ) und Positionierungen der Daumenfittiche ebendort. Bemerkenswert ist, dass am Ende die Belastungsadaption von Gefieder im Allgemeinen erörtert wird, ein in Bezug auf die Alula Spuria vorher wenig diskutierter, aber hochinteressanter Aspekt.

Der Bastardflügel (Alula Spuria) kommt daher als eine fluidmechanische Ergänzung. In Szenarien des Hochauftriebs beim biologischen Vogelflug, ist der Daumenfittich ein vom Lebewesen kontrollierbares, taktisches (Manöver-) Instrument, dem Tragflügelsystem ein zusätzliches Momentum zu ermöglichen, ein Extra an Lift! Auf Abruf des Wesens und eingebettet in seine kognitiven Prozesse. Auf technische Systeme übertragen (Bionik) wären natürlich passive Prozesse von größerer Bedeutung, aber auch reichlich komplex.

Die nachfolgende Untersuchung verfolgt die Absicht, auf einer theoretischen Ebene und mit Hilfe von numerischen Simulationsprogrammen auszuloten, inwiefern „eine durch einen einfachen **singulären Anflügel** bastardisierte Strömung" an einem Tragflügelsystem vorteilhaft sein kann, für das Auftriebs- und Widerstandsgebaren des gesamten Fahrsystems. Das universelle Gedankenspiel wird nachfolgend im Medium Wasser ausgetragen und das Tragflügelsystem sei für einen kleinen, heiligen Moment das Modell einer Surfboardfinne.

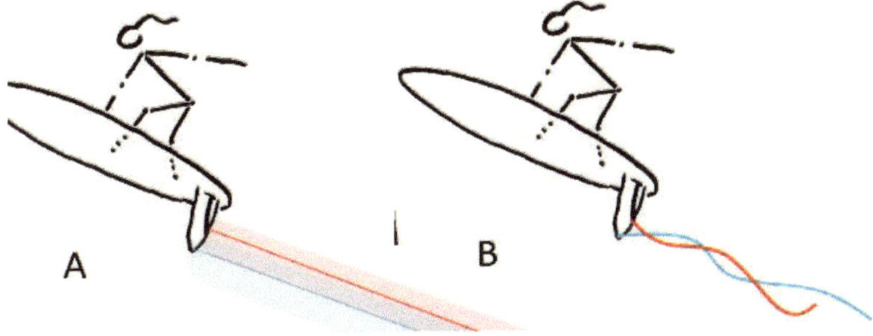

Abb. 2: Suchbild: finde die herrschende Lehrmeinung.

Modell, Simulation und Forschungsfrage

Dass ein Wirbel gerade durch seine Kompaktheit (kleiner Querschnitt A_V, hohe Wirbelstärke ω) zu einem beherrschbaren Strömungsphänomen wird, bleibt heute eine gewagte, eine steile These. Und genau hier soll die zeitgemäße Forschung ansetzen.

Das numerische Simulationsmodell geht von der Hypothese aus, dass es mit technischen Mitteln gelingt, einen annähernd perfekten Wirbelfaden zu generieren; „einen Wirbel, wie er sein soll: proper Vortex". Der proper Vortex reicht heran an den idealisierten Wirbelfaden im Raum, der eindimensional ist und dessen inneres Milieu mit der Zirkulation um diesen Wirbelfaden an jeder Stelle beschrieben wird. Die Intensität der Zirkulation an jeder Stelle des Wirbelfadens ist frei, eine Modellannahme. Das widerspricht der Wirbelfaden-Theorie von Helmholtz und wird an anderer Stelle diskutiert. Im numerischen Modell ist der Wirbelfaden beliebig diskretisiert und er wird durch ein eindimensionales n-Polygon im Raum, den n Quellpunkten Qn mit den Koordinaten (Qx,Qy,Qz), abgebildet. Das n-Polygon besitzt (n-1) finite Teilsegmente. Jedes finite Segment zwischen zwei deklarierten Quellpunkten kann in einem Aufpunkt im Raum eine Induktionswirkung hervorrufen. Weil jeder Punkt im Raum (Ax,Ay,Az) ein Aufpunkt ist, gilt das Wechselwirkungsgeschehen als beschrieben, wenn jeder Quellpunkt jedes Wirbelfadens im Raum zu jedem Punkt ebendort im Raum eine partielle Induktionswirkung beiträgt. Die Summe aller Beiträge in jedem Punkt ist die kumulierte Induktionswirkung an diesem Punkt. Die geordnete Schar aller Punkte bildet den (Analyse- oder Betrachtungs-) Raum. Der Raum kann beliebig viele Wirbelfäden enthalten. Aus der puren Anwesenheit von Wirbelstrukturen ergibt sich die Impulsforderung des Feldes. Jeder Wirbelfaden enthält Punkte des Raums. So ist es nicht verwunderlich, dass jeder Quellpunkt an jedem Aufpunkt, der Punkt des Wirbelfaden ist, (in sich) selbst eine Induktionswirkung induziert. Viel übersichtlicher ist natürlich zu beobachten und numerisch zu beschreiben, wie jeder Quellpunkt auf einem Wirbelfaden jeden Punkt auf einem anderen Wirbelfaden als Aufpunkt erkennt und dort Induktionswirkung erzielt. Solch ein Wirbelfaden sei „mechanisch schlaff" (eine Modellannahme). Und es existiert ein Wechselwirkungsmodell, das jeden Quellpunkt jedes Wirbelfadens im Feld mit jedem Aufpunkt jedes Wirbelfadens (im Feld) in Beziehung setzt. Eine so genannte Ramsay-Anordnung von (numerischen) Funktionalitäten entsteht. Sie ist permutativ und wird im Modell iterativ, sukzessive und asynchron (leider) gelöst. Während der Simulation „erleben" wir also, wie jeder Ort mit jedem Ort wechselwirkt und sich ein bewegtes Wirbelgeschehen im Raum entfaltet, während eine Störkontur linear den Korridor durchgleitet. Diese zeitlich diskretisierte Wechselwirkungsdynamik ist das erste eigentliche Berechnungsergebnis der Simulation. Die Mathematik der Impulsforderung und ihre numerische Behandlung sowie die selbstreferentielle, permutative Ramsay-Architektur im numerischen Modell, ist an anderer Stelle beschrieben[31]. Eine graphische Darstellung des Korridors friert das dynamische Wechselwirkungsgeschehen ein. Dieser Ort liegt nahe der Zeitmarke TE und der Koordinate X=30 LE im Korridor und fällt damit in den vereinbarten Analyseraum der Simulation.

Das selbstreferentielle Induktionsgeschehen zwischen mehreren Wechselwirkungspartnern im Raum ist reichlich kompliziert, aber numerisch zu handhaben. Wenn man über genügend Zeitreserven verfügt. Bislang wurden numerische Modelle aus maximal sieben mit einander wechselwirkenden Wirbelfadensystemen implementiert. Das reicht aus, das Wirbelgebaren um den idealisierten Tragflügel des Roten Milan (ein Landsegler, den wir im brandenburgischen als Weihe[32] kennen) mit einem Simulationsmodell nachzubilden. Das hier zur Diskussion stehende Modell ist allerdings weniger komplex.

Die herrschende Forschungsfrage imaginiert einen singulären Tragflügel, der durch einen Korridor fliegt und somit einen Randwirbel im Raum produziert. Bis dass diese Störkontur den

Korridor erreicht, sei das Fluid in Ruhe. Aus der Lagrangen Sicht des Tragflügels fließt der Wirbelfaden stromabwärts achterlich ab. Der energiereiche Wirbelfaden der aus der Randkantenumströmung des Tragflügels stammt, sei das primäre Wirbelsystem.

Forschungsfrage: Gibt es sekundäres Wirbelsystem in der Nähe des primären ersten Wirbelsystems, das mittels schieren Wechselwirkens der beiden Systeme, die gesamte Impulsbilanz im Raum vorteilhaft beeinflusst?
Die Impulsbilanz in einem Raum A ist vorteilhaft gegenüber der Impulsbilanz in einem Raum B, wenn:

> Lemma (I): der Raum A mehr fluidmechanischen Impuls enthält, der der Bewegungsrichtung der Störkontur „entgegen gerichtet" ist, als der in Raum B. Vektorieller Impuls, der einer bewegten Störkontur achterlich abfließt und in negativer X-Richtung des euler'schen Koordinatensystems auftaucht, heißt „Schub"!

> Lemma (II): der Raum A weniger fluidmechanischen Impuls enthält, der senkrecht in Y-Richtung zu einer Linie der Bewegungsrichtung der Störkontur ist, als der in Raum B. Vektorieller radialer Impuls an einer bewegten Störkontur in beiden Y-Richtungen des euler'schen Koordinatensystems trägt bei zum so genannten „SideWash"!

> Lemma (III): der Raum A mehr fluidmechanischen Impuls enthält, der senkrecht in Z-Richtung zu einer Linie der Bewegungsrichtung der Störkontur ist, als der in Raum B. Vektorieller radialer Impuls an einer bewegten Störkontur der in negativer Z-Richtung des euler'schen Koordinatensystems auftaucht trägt bei zum „DownWash"!

Bei einem symmetrischen Messaufbau kann hinsichtlich der integralen Ermittlung der Radialkomponenten globale Kompensation auftauchen. Dieser Effekt ist Gegenstand von Lemma (II) und Lemma (III). Die Bilanz ist physikalisch wahr. Die integrale Bilanz über alle Orte des Analyseraums leuchtet lokale Effekte aber nicht aus. In der avisierten Untersuchung entfaltet die Forschungsfrage ein Multilemma. Ein Wechselspiel zwischen Lateral- und Radialsystem an einem Auftrieb erzeugenden Tun, kurz: „Schub ist gut, SideWash ist verlorener Impuls und DownWash unterstützt den Lift! Gesucht wird der Schub". Aber ganz so banal ist es leider nicht.

Reihenuntersuchung.
Modellvorstellung: Dem Wirbelsystem aus einem primären Auftrieb erzeugenden Tun wird nun ein sekundäres Wirbelsystem beigefügt. Wir betrachten nur noch diesen Vorgang und behandeln das Auftrieb erzeugende Aggregat lediglich im Rang einer Anfangsrandbedingung. Gegenstand des Modells ist ein primäres und ein sekundäres Wirbelfadensystem. Das primäre Wirbelsystem sei gegeben aber über die Kampagne nicht konstant. Es ist variabel im Sinne von komplementär mit dem sekundären Wirbelfadensystem. Was dem Primären genommen, wird dem sekundären Wirbelsystem gegeben. Die Summe der Zirkulationen des Primärsystems Γ_M und des Sekundärsystems Γ_B bleibt gleich: $\Gamma = \Gamma_B + \Gamma_M$. Mit diesem Modell-Setup soll simuliert werden, dass die Zirkulation um eine Primär und Sekundär- Auftriebstragfläche endlich ist und gleich. Wir wissen aus experimentellen Untersuchungen am Windkanal, dass genau das nicht der Fall ist! Wenn wir jedoch die Balance aus den Zirkulationen des Primär- Γ_M und des Sekundärsystems Γ_B in das Lastenheft des Simulationsmodells schreiben, lassen sich graduelle

Effekte und Aussagen separieren. Die Indizes an den physikalischen Größen stehen für Primär-Tragflügel (MAIN, M) und Sekundärtragflügel (BASTARD, B).

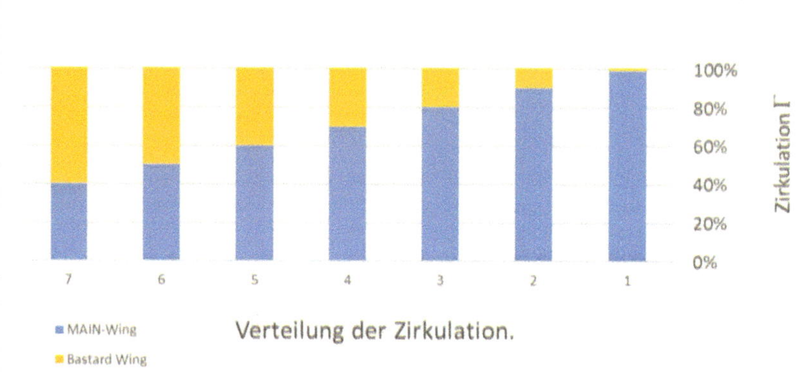

Abb.3: Untersuchungskampagne: Verteilung der Zirkulation von Haupt- und Sekundär-Wirbelfaden.

Befinden sich beliebige Wirbelfadensysteme in einem Feld, herrscht Impulsforderung des Feldes gegenüber den Wirbelsystemen. Generell sind Wirbelsysteme potentiell in der Lage, (Wirbel-) Felder zu organisieren. Effekte, die erzielt werden oder auch erlitten, sind bestimmt von der Gestalt jedes Wirbelfadens, der Lage im Raum und zueinander, der Wirbeltopologie. Was und wieviel geschieht im Feld, hängt ferner davon ab, wie intensiv das Induktionsgeschehen erfolgt (Wirbelstärkenverteilung) und erfolgen kann (Topographie). Für eine Reihenuntersuchung halte ich zunächst die topographischen Parameter, Lage der bewegten Quellenorte auf der Störkontur und relativ zueinander fest. Flugbahn im Korridor, Eintrittsort und die Zeitdiskretisierung.

Die Verteilung der Zirkulationen der Wirbelfäden (MAIN; BASTARD) folgt der Regel der komplementären Zirkulation $\Gamma=\Gamma_B+\Gamma_M$. Gesucht sind Impulsbilanzen von Wirbelfäden, die miteinander wechselwirken im Raum. Jede Bilanz erfordert eine vollständige Berechnung aller Stützwerte im Analyseraum. Beginnen wir mit der Simulation der Konstellationen an den Rändern der Reihenuntersuchung, der Kampagne (1) und der Kampagne (6):

(1): Milieu in den Wirbelfäden mit: $\Gamma_{MAIN} = 100\%$; $\Gamma_{BASTARD} = 1\%$

(6): Milieu in den Wirbelfäden mit: $\Gamma_{MAIN} = 50\%$; $\Gamma_{BASTARD} = 50\%$

Messung (7) ist quasi die „OverDone-Kampagne" ($\Gamma_{MAIN} = 40\%$; und $\Gamma_{BASTARD}=60\%$) und dient der Kalibrierung des Modells und dem Line-Out der Interpolation der graphischen Darstellung; Physikalisch ist die Simulation richtig, aber in der Argumentation zunächst ohne Wert. Von den Kampagnen war erwartet worden, dass sie den Rahmen abstecken, in dem sich eine synthetische aber sinnvolle Variation bewegen soll.

Es ist davon auszugehen, dass in der belebten Natur keine Wirbelkonfigurationen vorkommen, die sich um einen einzelnen Hauptwirbel formieren. Für den Albatros-Flügel, der wie viele Tragflächen seesegelnden Schnellflieger eine eher kompakte, oft elliptische Rangbogenform aufweist, ist der aktive Einsatz der Daumenfittische im Flug nicht beschrieben. Alleine der signifikante Knick in der (Arbeits-) Tragfläche deutet eine gewisse „Unstetigkeit" an, die ganz besonders im sehr schnellen Fluge, so etwas wie eine sekundäre Störkontur andeuten mag. [abgeleitete Forschungsfrage: setzen Seesegler im Manöver Daumenfittiche ein?]

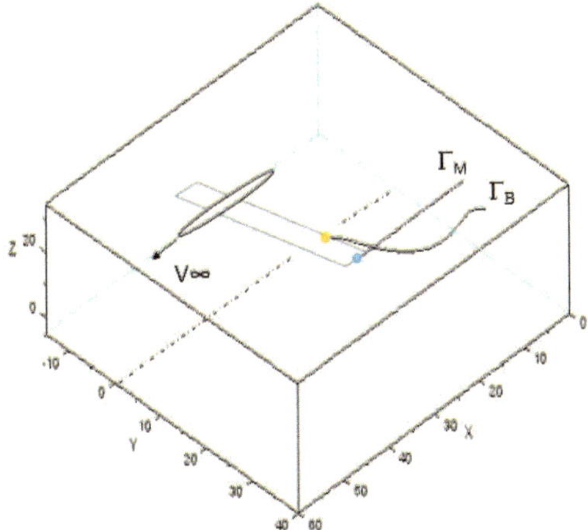

Abb.4: Störkontur durchfliegt den Korridor mit der Geschwindigkeit V∞. Es entwickeln sich zwei Wirbelspuren mit Γ_M=100%, blau und Γ_B=1% orange.

In der Abb.4 habe ich die Quellorte (sie bewegen sich mit durch den Korridor) noch einmal farblich gekennzeichnet. Die Graphik wirkt wie eine Prinzip-Skizze, ist aber ein Berechnungsergebnis. Ein Berechnungsergebnis aus der Simulation der fluidischen Interaktion eines Hauptwirbels (blau: Γ_{MAIN}) mit dem Sekundärsystem (orange: $\Gamma_{BASTARD}$). Das skizzierte Tragflügelsystem hat nur eine erläuternde Funktion in der Graphik. Wir sehen: die scheinbare Geschwindigkeit V∞, das primäre und das sekundäre Wirbelfadensystem der Störkontur; wie gesagt: Abb.4. ist keine schematische Skizze, sondern das Ergebnis der numerischen Simulation. Wir sehen ferner: der primäre Wirbelfaden (Q=blau) bleibt von der bastardisierten Strömung seiner Umgebung „unbeeindruckt!"; geschuldet dem Milieu in den Wirbelfäden: Γ_{MAIN}=100% und $\Gamma_{BASTARD}$=1%. Der primäre Wirbelfaden „wirbelt quasi" den sekundären Wirbelfaden nur so um sich herum. Das Berechnungsergebnis bestätigt unsere theoretischen Annahmen. Wie gut!

Wechseln wir die Perspektive. In der Graphik, Abb.5. durchfliegt das Auftrieb erzeugende System den Analyseraum von links nach rechts. Aufgetragen ist der in das Feld induzierte spez. Impuls in der Schnittebene (X,Y,15) und „eingefroren" sind die Berechnungsergebnisse kurz vor Erreichen der Systemgrenze des Analyseraums und der Zeit-Diskretisierung, entsprechend L=30LE. Die Geschwindigkeitsverteilung in der XY-Ebene wird durch die vektorielle Darstellung der Komponenten deutlich. Ich weise noch einmal darauf hin, dass die Störkontur, die den Korridor durchfliegt, einen „ruhenden" Raum vorfindet und die Graphik, Abb.5. das durch das Induktionsgeschehen beaufschlagte Feld darstellt.

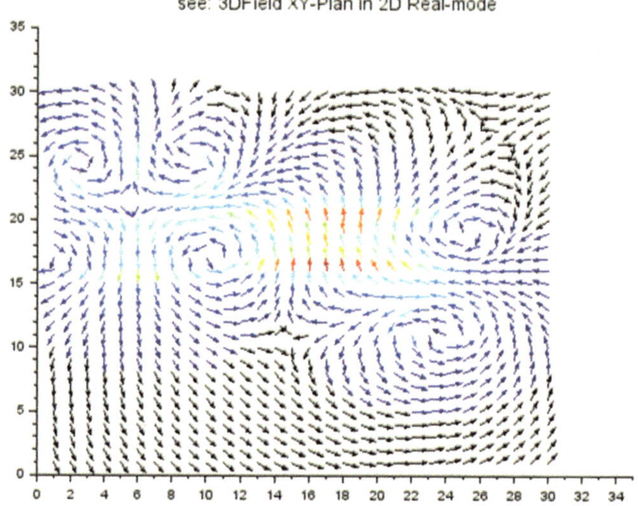

Abb.5: Der in das Feld induzierte spez. Impuls (Ebene X,Y,15). Heterogene Wirbelquellen (entsprechend Abb.3. Γ_M=100%, und Γ_B=1%). Die Radialkomponente dominiert das Induktionsgeschehen.

Wir erwischen also gerade noch die „Einlaufströmung" des Auftrieb erzeugenden Systems, welches durch den Korridor segelt. Wieder spielt das BASTARD-LCO, die sekundäre Wirbelfadenstruktur, keine entscheidende, organisatorische Rolle im Strömungsgebaren des Raumes. Wir sehen: die Radialkomponenten V und W [LT^{-1}] des induzierten Geschwindigkeitsfeldes dominieren das Strömungsgeschehen im Feld. Die Graphik Abb.6. zeigt die in das Feld induzierte Geschwindigkeit vi (LT^{-1}) in den Komponenten (U;V;W) von links nach rechts. Die Position der Sonde im Feld ist: (20, Y, 15).

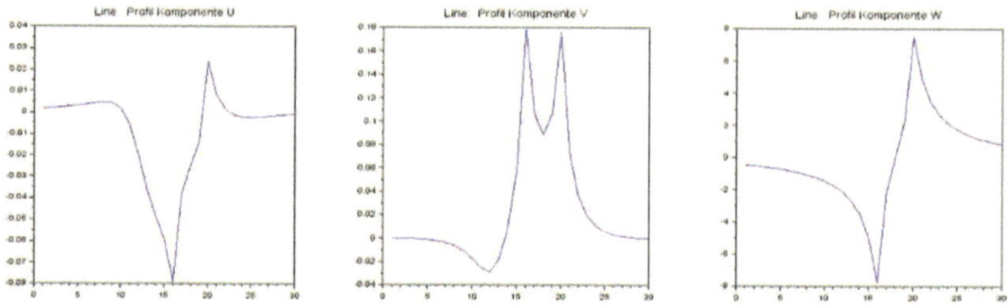

Abb.6: Die in das Feld induzierte Geschwindigkeit vi (LT^{-1}) in den Komponenten (U;V;W) von links nach rechts. Position der Sonde im Feld: (20, Y, 15).

Wir sehen: Die Radialkomponente W dominiert das Induktionsgeschehen im Feld. Die Radialkomponente W steht für die Phrase DownWash in der physikalischen Beschreibung. Die Radialkomponente W ist aber nur dann vorteilhaft für das Auftriebsgeschehen des Flugsystems, wenn sie ein „negatives Vorzeichen" besitzt. In allen anderen Fällen bleibt die Radialkomponente über das Feld eine Kompensation oder speist eine Dissipation, die im (mathematischen) Mittel kompensiert. Abb.6: zeigt die in das Feld induzierte Geschwindigkeit vi (LT^{-1}) in ihren Komponenten (U;V;W).

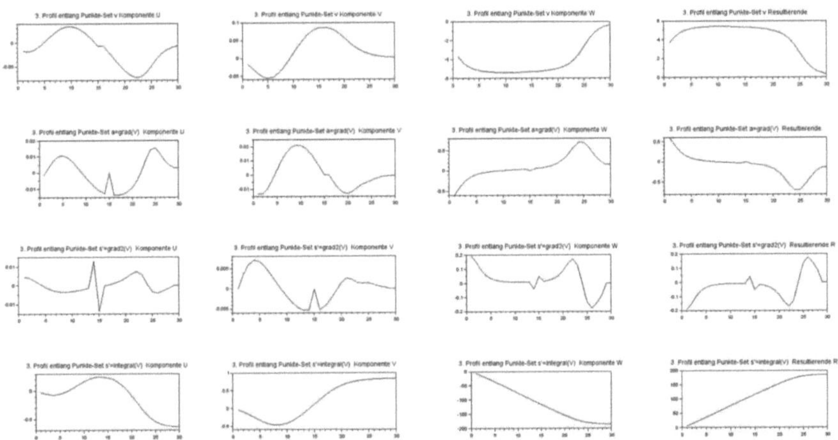

Abb.7. Berechnete und abgeleitete Größen des induzierten spez. Impulses im Feld.
Zeile 1: die entlang einer Messtrecke induzierte Geschwindigkeit U, V, W, Resultierende R.
Zeile 2: der Gradient der induzierten Geschwindigkeit dU, dV, dW, Resultierende dR.
Zeile 3: die 2. Ableitung der induzierten Geschwindigkeit δ^2U, δ^2V, δ^2W, Resultierende δ^2R.
Zeile 4: Integral der induzierten Geschwindigkeit ∫dU, ∫dV, ∫dW, Resultierende ∫dR.
Spalte1: Komponente U des induzierten spez. Impulses.
Spalte2: Komponente V des induzierten spez. Impulses.
Spalte3: Komponente W des induzierten spez. Impulses.
Spalte4: Resultierende mit $R^2 = U^2+V^2+W^2$ des induzierten spez. Impulses.

Wir verfolgen nun den Flug der Störkontur durch den Korridor in Abb:7. Die Position 30 im Korridor ist das Ende der Zeitdiskretion und des geometrischen Analyseraums der Simulation. Das Strömungsgeschehen wird hier eingefroren. Und bilanziert! Beginnen wir mit der Zeile 4.: Formal und grundsätzlich ist die Resultierende eine – sagen wir mal- unglückliche Größe. Betrachten wir also besser die Komponenten (U,V,W). Während des Fluges „sammelt" das Feld eine verfügbare Impulswirksamkeit ein (Impulsforderung), hier das das NETTO-Impulsgeschehen im Feld. Die Resultierende der induzierten Geschwindigkeit im Feld und entlang einer definierten Linie (rechts im Bild Abb:7., Zeile4) akkumuliert den spezifischen Impuls. In einem realen Korridor in einer Versuchshalle, wären die Messungen der

Zeile 4 die Referenz der Messstrecke. Als Experimentator würden wir den Messaufbau genau mit diesen vorgefundenen Messergebnissen über eine Messstrecke kalibrieren.

Der Messaufbau entspricht einer Labor-Messstrecke T0 bei Eintritt in den Korridor bis zum Zeitpunkt TE und am Ort der Tragflügelkante der in den Korridor segelnden Störkontur. Hier, in der Simulation, sollen wir den Vorgang aber nicht nur zeitdiskretisiert, sondern auch über einen materiellen Raum betrachten. Die Zeiten T0 und TE korrelieren mit den Orten im Korridor X0 und Xe. Im stationären Fall ist die Korrelation von Zeiten zu Orten linear und der Vergleich der Gradienten in der Bewegungsrichtung zulässig. Also betrachten wir die physikalischen Parameter ebendort und an den Stützstellen zwischen ihnen, dem Analysepfad: Zeile 1. Im Diagramm Abb.7.

Das Tragflügelsystem durchfliegt den Korridor von den Zeiten T0 bis TE. Ich stelle mir vor: entlang einer Messstrecke sind eine Reihe von Sonden postiert. In der Graphik, Abb:7. sind berechnete Strömungsgrößen entlang einer Linie (X,15,15) aus Messpunkten im Korridor aufgetragen. Diese zeichnen auf: den in das Feld induzierten spez. Impuls. Genau dies sehen wir in der Zeile 1. Es sind die Berechnungsergebnisse der numerischen Simulation; alles andere sind Ableitungen.

Zeile 2 in Abb:7 zeigt den Gradienten, die lokale Änderung der induzierten Geschwindigkeit entlang der Messstrecke. Mit dem spezifischen induzierten Impuls und seiner Gradienten werden die funktionalen Abhängigkeiten zu geläufigen Strömungsgrößen evaluiert: den Impuls selbst, die lokalen Kräfte, die umgesetzte Energie und sogar die Wirkleistung an einem Ort im Raum oder entlang eines Pfades. Zeile 2 ist die erste und Zeile 3 ist die zweite lokale Ableitung des spezifischen induzierten Impulses. Im stationären Fall sind die Kurven der Abb7. Zeitsignale.

Physikal. Größe	funktionaler Zusammenhang		Einheit	Dimension	(1.2)
Spezifischer Impuls	$F(vi)$		$m \cdot s^{-1}$	$L \cdot T^{-1}$	
Kraft	$F(vi')$	$m\,dv/dt$	$kg \cdot m \cdot s^{-2}$	$M \cdot L \cdot T^{-2}$	
Energie	$F(vi'')$	$m\,v^2$	$kg \cdot m^2 \cdot s^{-2}$	$M \cdot L^2 \cdot T^{-2}$	
Leistung	$F(vi'',t)$	$m\,v^2/t$	$kg \cdot m^2 \cdot s^{-3}$	$M \cdot L^2 \cdot T^{-3}$	

Für eine Schubkraft ist relevant: der Geschwindigkeitsgradient. Für die Konstellation einer nur schwach bastardisierten Strömung (mit Γ_M=100% und Γ_B=1%) ist der Schub marginal. Ein Blick auf die 4. Spalte in Abb.7. verrät, welche Komponente des Impulsvektors das Geschehen im Korridor dominiert. Es ist nicht die Komponente U, die nutzbar ist, wenn wir einen Schub am Flugsystem, achternaus suchen, sondern die Radialkomponente!

Der funktionale Zusammenhang der in das Feld induzierten Geschwindigkeit mit Kräften ist gegeben mit der substantiellen Beschleunigung eines Masseteilchens an einem Ort. Das ist die Änderung der Geschwindigkeit ebendort. Der Energiebegriff ist verbunden mit der 2. Potenz der induzierten Geschwindigkeit: Energie, ein unglücklicher Parameter, denn im Quadrat der Geschwindigkeit geht in der Bilanz die pfadbedingte (Aus-) Richtung mathematisch verloren. Was im Übrigen auch für den Kraftbegriff Prandtls gilt, der aus der Formel nach Bernoulli und der Kontinuitätsgleichung stammt. Theoretisch sind wir mit der Leistung am Fluid und an einem Ort wieder in besserer Position. Viele sehen das anders. Mit der Energie an einer Stelle und dem Begriff der „Deformationsarbeit am Fluid" (gemessen in J, Joule und Dimension $M \cdot L^2 \cdot T^{-2}$) lassen sich die Verschiebungen und Verzerrungen des Kontinuums und die populären, daraus herleitbaren Phänomene (DownWash, SideWash) erklären. Wer das so will.

Das numerische Modell, die Simulation, der bilanzierede Code, besitzt neben den graphischen Ausgaben der Berechnungsergebnisse optional eine alphanumerische Ausgabe eines Berichts (Report) in ein externes File. Die Bilanz des Raumes ist nicht automatisch die eines ruhenden

Fluids mit einer Beaufschlagung durch eine Störkontur. Das ist nur die bevorzugte Einstellung dieser Kampagne. Prinzipiell können beliebige Anfangsrandbedingungen für die (scheinbare) Anströmbedingung vereinbart werden. In den hier angeführten Simulationskampagnen ruht das Fluid vor dem Eintritt der Störkontur in den Korridor; ein Auszug aus dem Report(1):

```
################################################################
## InduktionsWirkung im Feld                         #########
## V-Komponenten im Feld (BRUTTO)                     #########
## jemals eingekoppelte Induktionswirkung (kumuliert)   #########
################################################################
   cum U(xyz)                  [L/T]   395.42497
   cum V(xyz)                  [L/T]   18676.892
   cum W(xyz)                  [L/T]   18662.102
   cum R(xyz)                  [L/T]   26405.619
spezifischer Impuls    10E3    [L/T]   26.405619
spezifische Energie    10E6[L2T-2]   697.25671
spezifische Leistung   10E9[L2T-3]   18411.495


################################################################
## InduktionsWirkung im Feld                          #######
## V-Komponenten im Feld (NETTO)                      #######
## scheinbar eingekoppelte Induktionswirkung (kumuliert)   #######
################################################################
   cum U(xyz)                  [L/T]   -30.684833
   cum V(xyz)                  [L/T]   -346.06336
   cum W(xyz)                  [L/T]   -1722.8482
   cum R(xyz)                  [L/T]   1757.5287
spezifischer Impuls    10E3    [L/T]   1.7575287
spezifische Energie    10E6[L2T-2]   3.0889072
spezifische Leistung   10E9[L2T-3]   5.4288431
########### eof
################################################################
```

Wir lesen (oben) Beiträge für die jemals in das Feld eingekoppelte und kumulierte Induktion der anwesenden Wirbelstrukturen (Impulsmächtigkeit, Brutto-Bilanz). Unten ist die im Feld scheinbar wirksame Induktion, die im Feld kumuliert (Impulswirksamkeit). Der Fakt wurde bereits erörtert, wohl aber nicht quantifiziert. Die Entwicklung dieser Brutto-Netto-Angelegenheit als „Impulsmächtigkeit-versus-Impulswirksamkeit-Narrativ" ist bislang nicht geschlossen und derzeit als in einer „Freak-Phase" der Bilanzmethode verharrend, anzusehen. Genauso wie das andere Narrativ für die Behandlung der Lagrangen Komponenten und ihrer Beiträge zu:

Narrativ: U: Beitrag zu Schub, V: Beitrag zu SideWash und W: Beitrag zu Lift und DownWash.

Dies bedarf der weiteren Klärung? Beachten wir die euler'schen Koordinaten! Und befinden uns mitten in der Formulierung einer tragfähigen Phänomenologie und ihrer Narrative. Das ist in Ordnung, so lange wir Wissenschaft als dieses nicht abgeschlossene Projekt betrachten, das uns zu dieserart Untersuchungen (ver-) führt. In Narrativen zu argumentieren ist keilen Falls infantil. Wenn man bedenkt, dass moderne Strömungsmechaniker mit Strömungsbildern und ähnlich performanten Graphiken kommunizieren, beinhaltet der Schnitt (X,Y,15) Abb:5. eine bedeutsame Botschaft.

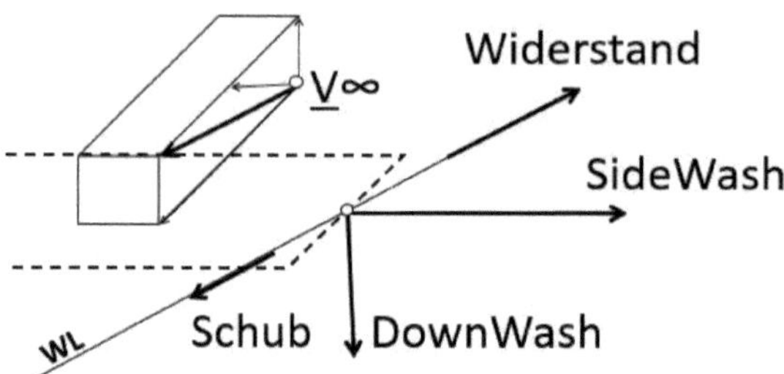

Abb.8: Zum Narrativ über die prinzipiellen Verhältnisse von Reaktionskräften und der scheinbaren Anströmgeschwindigkeit an einem Auftrieb erzeugenden Aggregat im fluidischen Raum (dem euler'schen Korridor).

Der spezifische Impuls ist in unseren Fallstudien zu einer durch ergänzende Wirbel bastardisierten Strömung der von der Masse befreite vektorielle Impuls an jeder Stelle im Raum. Und ein dankbarer Parameter. Reaktionskraft (Abb.8) ist auch wieder so ein bekümmernder Begriff. Ich erwähnte oben, dass die Rede über den DownWash aus einer Zeit stammt, da man das dynamische Auftriebsgeschehen um Hubschrauberrotoren zu klären suchte. Und tatsächlich ist der „Impuls intuitiv viel besser zu begreifen" unmittelbar und immer dann, wenn man den Feuerwehrschlauch einfach mal loslässt; oder falls eher Vorgartenblumen statt Scheunenbrand, den Gartenschlauch.

Physikal. Größe	Zusammenhang	Einheit	Dimension	(1.3)
Induzierter Impuls	$m \cdot vi$	$kg \cdot m \cdot s^{-1}$	$M \cdot L \cdot T^{-1}$	
Spezifischer induz. Impuls	vi	$m \cdot s^{-1}$	$L \cdot T^{-1}$	
Reaktive Kraft	$m \cdot a = m \cdot dvi/dt$	$kg \cdot m \cdot s^{-2}$	$M \cdot L \cdot T^{-2}$	

Die Betrachtung der Kampagne (6) nach der Kampagne (1) führt von einem geringen Beitrag zu einem erheblichen Beitrag der bastardisierten Strömung im Feld. Wenden wir uns also dem anderen Rand der Untersuchung zu. In der nachfolgenden Kampagne wird ein System gleicher Wirbelstäken untersucht, (6): Das Milieu in den Wirbelfäden mit: Γ_{MAIN}=50%; $\Gamma_{BASTARD}$=50%). Sofern man noch von einer bastardisierten Strömung sprechen möchte, zeigt (Abb.9) eine voll ausentwickelte zweigängige Wirbelspule (global mode2WSP), rechts im Bild als Ausschnitt eine Projektion der Wirbelspule (WSP) in der XZ-Ebene. Das Bild ist eingefroren nach einem Flug durch den Korridor etwa kurz vor der Position X=30 LE, so dass die „Einlaufströmung" des Auftrieb erzeugenden Systems, das durch den Korridor segelt, sichtbar wird (Abb.10).
Theoretische Überlegungen legten nahe, dass ein ausbalanciertes spiraliges Wirbelgeschehen vorteilhaft sein wird, für das Widerstandsgebaren des Gesamtsystems. Wieder wurden in der Darstellung (Abb.9) die Quellorte farblich markiert (mit Γ_M=50%, blau und Γ_B=50%, orange). Und wieder handelt es sich nicht um eine schematische Skizze der Wirbelentwicklung im Korridor, sondern um die Berechnungsergebnisse der numerischen Simulation. Die extrahierte

Graphik (rechts im Bild) zeigt eine sauber ausdifferenzierte Wirbelspulen-Konfiguration um eine zentrale Achse. Hier also sollten wir sie auffinden: die mit negativen Vorzeichen behaftete Impulsübertragung in das ruhende Feld. Die wir Schub nennen! Natürlich geht es etwas ruppig zu (Abb.10.). Aber die Impuls-Entwicklung im Feld erfolgt in die richtige Richtung: achternaus!

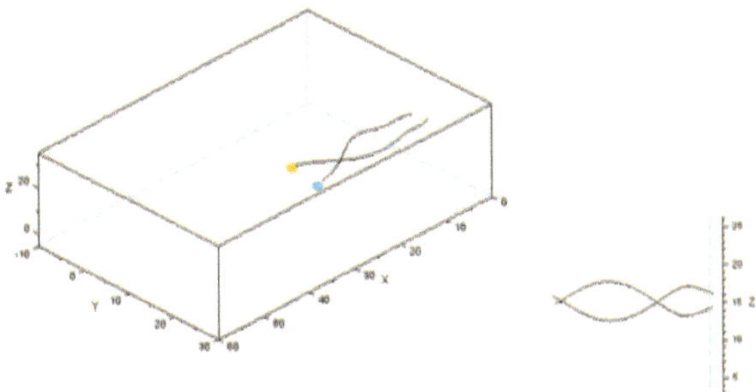

Abb.9: Störkontur durchfliegt den Korridor mit der Geschwindigkeit V∞. Es entwickelt sich ein ausgeglichenes System aus zwei Wirbelspuren (mit Γ_M=50%, blau und Γ_B=50% orange) und somit eine voll ausentwickelte Wirbelspule (im Ausschnitt schön zu sehen: rechts im Bild).

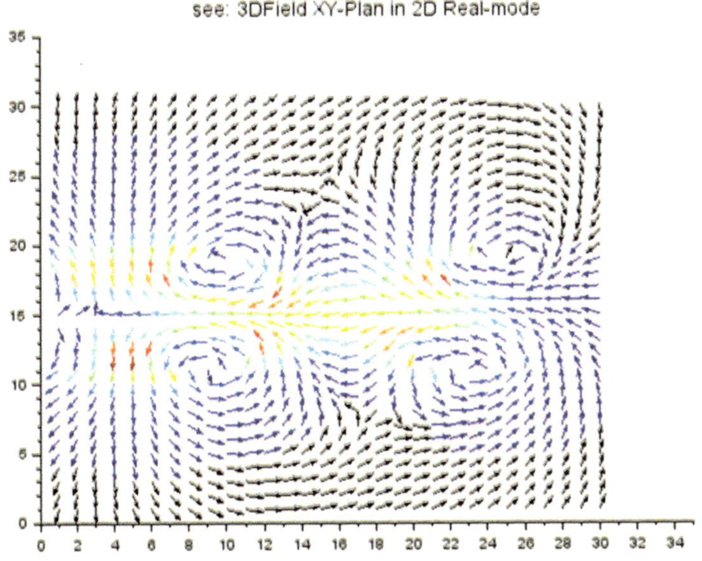

Abb: 10: Der in das Feld induzierte spez. Impuls (Ebene X,Y,15). Gleich intensive Wirbelquellen (entsprechend Abb.3. Γ_M=50%, und Γ_B=50%).

Die Radialkomponente dominiert nicht mehr das Induktionsgeschehen. Stattdessen werden wesentliche Einträge zur Geschwindigkeitsinduktion der Lateralkomponente U achternaus der Störkontur in der Schnittebene (X,Y,15) erkennbar. Der Strömung bildet sich eine zentralisierte Seele des Beschleunigungsgeschehens aus.

Wie ist das 2-dimensionale Strömungsbild zu interpretieren? Vor Eintritt des Tragflügels in den Korridor ruht das Fluid dort. Nun durchsegelt die Störkontur den Kontrollraum von links (X=0LE) nach rechts (X=30LE). Die spiralige Wirbelstruktur saugt vormals ruhende Materie aus der Umgebung an und pumpt sie durch die Wirbelspule (WSP). Die Wirbelspirale dreht sich um eine Achse, die hier (in etwa) mit einer Linie der Koordinaten (X=0, 15,15) bis (X0=30,15,15) zusammenfällt (was auf eine glückliche Wahl der Analyseraum-Koordinaten schließen lässt). Das Berechnungsergebnis nach dem immer dreidimensionalen numerischen Modell der Simulation der bastadisierten Strömung bestätigt die Erwartungen an ein zweigängiges Wirbelsystem „global mode2WSP".

Abb: 11: Die in das Feld induzierte Geschwindigkeit vi (LT^{-1}) in den Komponenten (U;V;W) von links nach rechts. Position der Linien-Sonde im Feld: (20, Y, 15). Gleich intensive Wirbelquellen (entsprechend Abb.3. Γ_M=50%, und Γ_B=50%).

Die Graphik Abb.11: zeigt einen Linienschnitt in der Ebene (X=20,Y,15). Aus der Abb.10 wissen wir, dass die Innenströmung der Wirbelspule (globalmode2WSP) an dieser Stelle (X=20) voll ausgeprägt ist. Der Eintrag der axialen Lateralkomponente U der in das Feld induzierten Geschwindigkeit ist „negativ"; das bedeutet, dass eine impulsbedingte Reaktionskraft am Fluid achternaus der Störkontur wirkt. Das ist **der Jet, der reaktive Schub**, den die Wirbelspule (WSP) generiert.

Die Beiträge der W-Komponente gegenüber der nicht-bastardisierten Strömung (in Abb.6) konnten wenigstens halbiert werden. Die V-Komponente der induzierten Geschwindigkeit gibt Rätsel auf. Offenbar wird nicht nur eine Schubkraft (U-Komponente ist negativ) angefacht, sondern auch die Radialkomponenten V und W neu „ausbalanciert". Darüber, was das für das Bewegungssystem bedeutet - im stationären Fall ist das Bewegungssystem im Korridor ja ein (Kräfte-) Gleichgewichtssystem - bin ich mir nicht ganz im Klaren.

Das alphanumerische Protokoll der Bilanz aus der numerischen Simulation dieser Kampagne (Report (6)) weist für die Schubkraft-Komponente U eine deutliche Netto- Steigerung gegenüber der nicht-bastardisierten Strömung auf (von -31 LT^{-1} auf -910 LT^{-1}). Bilanziert über das Feld, dominiert die Schubkraft-Komponente des induzierten Impulses! Hinsichtlich der Impulsmächtigkeit (Brutto-Bilanz) weist für die Schubkraft-Komponente U ebenfalls eine absolute Steigerung auf (von +395 LT^{-1} auf -9697 LT^{-1}). Wobei sich die beiden jemals in das Feld eingebrachten (kumulierten Brutto-) Radialkomponenten erstens kaum voneinander unterscheiden und zweitens Beträge gegenüber der bastardisierten Strömung Variante im 10%-Bereich ansteigen.

Report (Kampagne (6))

```
################################################################
## InduktionsWirkung im Feld                        ########
## V-Komponenten im Feld (BRUTTO)                    ########
## jemals eingekoppelte Induktionswirkung (kumuliert)    ########
################################################################
   cum U(xyz)              [L/T]   9697.0591
   cum V(xyz)              [L/T]   20025.223
   cum W(xyz)              [L/T]   19778.418
   cum R(xyz)              [L/T]   29769.587
spezifischer Impuls   10E3   [L/T]   29.769587
spezifische Energie   10E6[L2T-2]   886.22834
spezifische Leistung  10E9[L2T-3]   26382.652
################################################################
## InduktionsWirkung im Feld                          ######
## V-Komponenten im Feld (NETTO)                       ######
## scheinbar eingekoppelte Induktionswirkung (kumuliert)    ######
################################################################
   cum U(xyz)              [L/T]   -909.63937
   cum V(xyz)              [L/T]   -199.35268
   cum W(xyz)              [L/T]   513.88913
   cum R(xyz)              [L/T]   1063.6105
spezifischer Impuls   10E3   [L/T]   1.0636105
spezifische Energie   10E6[L2T-2]   1.1312673
spezifische Leistung  10E9[L2T-3]   1.2032278
########## eof ###############################################
```

Tabelle 2. zur Reihenuntersuchung an Modellflügeln

Modelluntersuchungen an einem Modellflügel (Main) mit Anflügelfittich (Bastard) Tabelle 2													
									Feld brutto			Feld netto		
NR	Main Plane				Bastard				Cum U	Cum V	Cum W	cumU	cumV	cumW
	Qx	Qy	Qz	-Γ	Qx	Qy	Qz	-Γ						
B1	1+0	15+3	15+0	100	1+0	15-3	15+1	1						
B2	1+0	15+2	15+0	100	1+0	15-2	15+1	1						
B3	1+0	15+2	15+0	50	1+0	15-2	15+2	50						
B4	1+0	15+3	15+0	100	1+0	15-3	15+1	100	28073	44381	45434	-2074	-945	596
B5	1+0	15+3	15+0	200	1+0	15-3	15+1	100	45360.2	73780.5	71878.2	-4216.2	-4610	-1341.6
1	1+0	15+3	15+0	100	1+0	15-3	15+1	1	395.4	18676.8	18662.1	-30.6	-346.	-1722.8
2	1+0	15+3	15+0	90	1+0	15-3	15+1	10	3567.1	19110.2	18914.3	-295.8	-289.1	-1242.9
3	1+0	15+3	15+0	80	1+0	15-3	15+1	20	6294.4	19488.8	19269.8	-558.8	-301.1	-722.0
4	1+0	15+3	15+0	70	1+0	15-3	15+1	30	8195.0	19793.7	19503.4	-763.7	-293.3	-229.3
5	1+0	15+3	15+0	60	1+0	15-3	15+1	40	9317.5	19958.6	19693.4	-867.6	-266.1	148.3
6	1+0	15+3	15+0	50	1+0	15-3	15+1	50	9697.0	20025.2	19778.4	-909.6	-199.3	513.8
7	1+0	15+3	15+0	40	1+0	15-3	15+1	60	9311.3	19971.2	19685.1	-877.2	-129.2	851.2

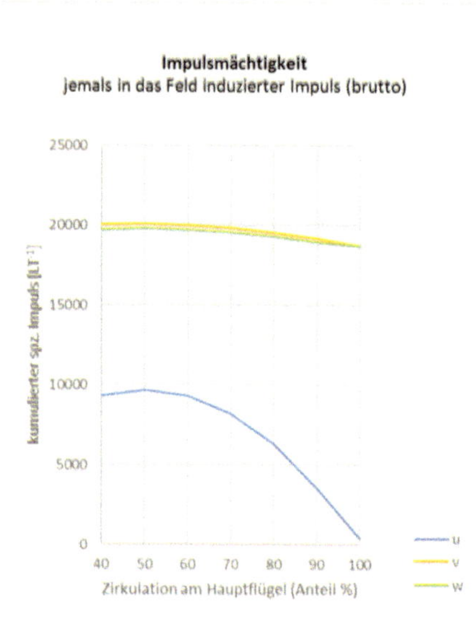

Abb.12: **Impulsmächtigkeit.** Der kumulierte spezifische Impuls im Feld (Brutto-Bilanz) als Funktion der Zirkulationsaufteilung von Hauptflügel [%] und sekundärem Anflügel.

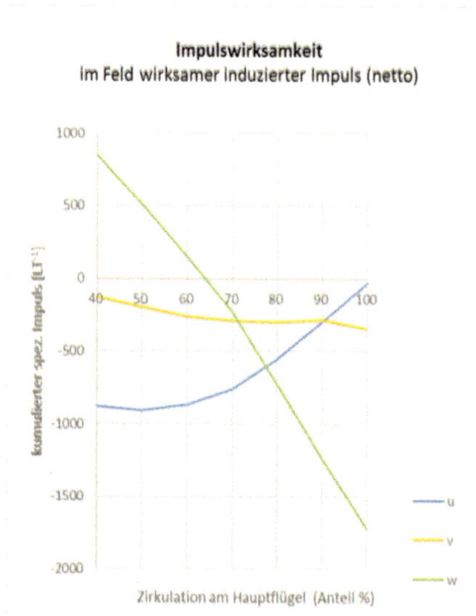

Abb13: **Impulswirksamkeit.** Der kumulierte spezifische Impuls im Feld (Netto-Bilanz) als Funktion der Zirkulationsaufteilung von Hauptflügel [%] und sekundärem Anflügel.

Interpretation der Messergebnisse

Betrachten wir nun die Simulationskampagnen zwischen den Protagonisten. Was passiert auf einem Weg von der regulären Strömung um eine Auftrieb erzeugende Tragfläche vom Stand der Technik, hin zu einer gestaltungsbedingten, bastardisierten Strömung im Raum? Die geometrischen Randbedingungen (Qx,Qy,Qz) die dynamischen Anfangsrandbedingungen für den Wirbelfadenobjekt (Γ_M und Γ_B) und die Berechnungsergebnisse für die Komponenten der induzierten Geschwindigkeiten (cumU, cumV, cumW) der Simulationskampagnen (1) bis (7) sind in der Tabelle Tab2. zusammengefasst. Die Verteilungen der Zirkulation von Haupt- und Sekundär-Wirbelfaden am Primärflügel (Γ_{MAIN}) und am Alula-Anflügel-Fittich ($\Gamma_{BASTARD}$) sind Abb.3 zu entnehmen.

Es herrscht eine Vereinbarung über die Induktionsmächtigkeit und die Induktionswirksamkeit im Feld. Induktionsmächtigkeit sei die jemals in das Feld eingebrachten, lokal kumulierten Induktionsgrößen und die Induktionswirksamkeit die im Feld wirksamen und ebenfalls lokal kumulierten Induktionsgrößen. Sobald sich Wirbelstrukturen in einem fluidischen Raum aufhalten, besteht die so genannte räumliche Impulsforderung des Feldes gegenüber den Lagrange kohärenten Wirbelstrukturen. Ein physikalisch, phänomenologisches Prinzip. Und fern der Lehrmeinung.

Ein Berechnungsergebnis der Messreihenuntersuchung über den Impulseintrag von Wirbe-strukturen in ein stehendes Fluid sind die Brutto- und die Nettobilanzen des spezifischen induzierten Impulses. Integralwerte sind der Tabelle 2 zu entnehmen. Sie sind die Grundlage der Graphiken Abb.12. und Abb.13. Betrachten wir zuerst die Kurven der Radialkomponenten des spez. Induzierten Impulses im Feld (U: gelbe Kurve und W: grüne Kurve) über der Zirkulationsverteilung in den Graphiken Abb.12. und Abb.13. Für die Impulsmächtigkeit (Bruttobilanz, Abb.12) sind die Anteile der Radialkomponenten (V und W) auf einem sehr hohen Niveau beinahe konstant über die Zirkulationsaufteilung. Das ist alleine deshalb keineswegs verwunderlich, weil es sich ja um die jemals (ever!) in das Feld eingebrachten Induktionsanteile handelt. Bei einer ausbalancierten Zirkulationsaufteilung von Hauptflügel [%] und sekundärem Anflügel ist auch der Eintrag der Radialkomponenten ausgeglichen.

Anders die Impulsmächtigkeit der Lateralkomponente U. Sie besitzt ein Maximum bei der Zirkulationsaufteilung von Hauptflügel von 50% und findet ihren Nullpunkt bei 100 % Zirkulationsaufteilung des Hauptflügels, also mit der Wirkungslosigkeit des Anflügels. Das ist auch plausibel. Wie schade, dass das Impulsäquivalent der Lateralkomponente U in seinem Maximum einen beinahe fünfstelligen Wert [$L \cdot T^{-1}$] annimmt, ohne dieses kapitale Pfund in die physikalische Wirklichkeit (Nettobilanz) zu retten.

Das Diagramm der Impulsmächtigkeit (Bruttobilanz, Abb.12) stellt eine Akkumulation von allen lokalen Beträgen der Induktionsgröße (|vi| [$L \cdot T^{-1}$]) dar. Für die Impulsmächtigkeit im Feld (Bruttobilanz, Abb.12) bedeutet das ausnahmslos positive Einlagen. Käme es in einem idealen theoretischen Fall zu keinerlei Kompensationen oder Auslöschungen während oder nach einem physikalisch optimalen Induktionsvorgang, ließe sich eine maximale mittlere theoretische Belegung des Raumes mit „Induktionsgut" ermitteln. Wer das tun möchte, dem sei an dieser Stelle mitgeteilt, dass der alphanumerische Report der rechte Ort ist, diese Information darzulegen. Das Bilanzprotokoll weist den Analyseraum mit 30X30X30=27.000 Stützstellen aus. Woraus sich ein Integral- und dann ein geordneter Mittelwert ergibt. Dieser Mittelwert ist in einem physikalisch „offenen" System, einem Raum, durchaus vom Belang. Für ein Lebewesen im Speziellen, einem landsegelnden Vogel, einem schwimmenden Fisch oder gleitendem Delfin, einer segelnden Libelle oder einem immerfort in Bewegung bleibenden Hai, aber auch für die Evolution von Lebewesen im Allgemeinen ist die Frage, was habe ich „investiert" um zu Fliegen, zu Schwimmen, zu leben in diesem Raum, die zentrale Frage. Die Brutto-Bilanz gibt

Auskunft über die Frage, was ich maximal einsetzen muss, um einen avisierten (Lebens-) Prozess unter Dissipation in Gang zu halten, in unserem Fall, dem Fliegen durch einen Analyseraum und das Durchgleiten des Korridors. Aus der Sicht des Ingenieurs formulieren wir hier gerade den Nenner eines Prozess-Wirkungsgrades η_P. Der recht unglückliche Werte annehmen könnte!

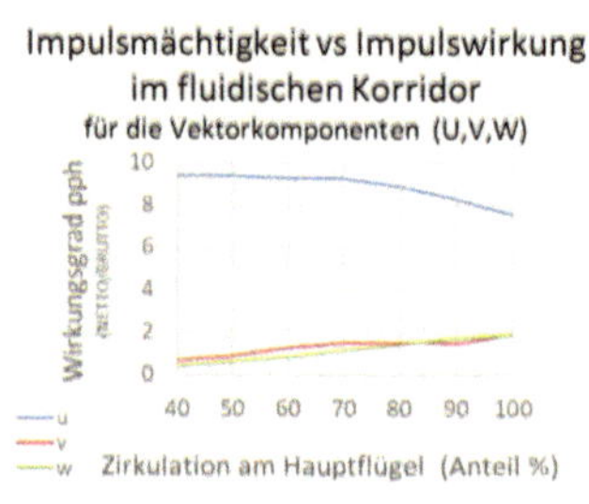

Abb.14. Impulsmächtigkeit <u>vs</u> Impulswirkung. Der Quotient als Vorlage für einen Wirkungsgrad für Induktionsvorgänge im Feld:

η_{ip} = (Impulswirksamkeit/Impulsmächtigkeit)

Die vektoriellen Komponenten des spezifischen Impulses im Feld als Funktion der Zirkulation am primären Tragflügel.

Fazit und Avision.

Wahrscheinlich ist die Idee, mittels Wirbelspulen wenigstens einen kleinen Teil der für das Fliegen aufgebrachten Energie zurückzugewinnen, ein geniales Konzept der belebten Natur. Doch es scheint kein exorbitant leistungsfähiges Lösungsprinzip für die Minderung des so genannten induzierten Widerstands zu sein. Vielleicht aber sehen wir aber am Abend des heutigen Tages nicht das vollständige Bild des herrschenden Wechselwirkungsprozesses. Doch Vorsicht! In einer biologischen Qualitätsfunktion, entscheidet alleine der Hauch einer Para-meterquantität über den Fortgang gestalterischer Ausentwicklung. Insofern sind + 10% Wirkungsgrad-Differenz in der Designpraxis fluidmechanischer Systeme durchaus eine Ansage. Das wissen auch unsere „woken Kolleginnen" aus der Entwicklungsabteilung.

Das produktneutrale Lösungsprinzip fluidmechanischer Wirbelspulen und deren konditio-nierenden Wirkung auf ein als ruhend vorgefundenes Feld ist ein bislang immer noch schlecht beschriebenes physikalischen Phänomen und beinhaltet eine wissenschaftliche Bringeschuld. Und es ist völlig zurecht ein „Cold Case" aus den 80er Jahren des vergangenen Jahrhunderts.

Fluidmechanische, n-gängige Wirbelspulen und ihre Klassifizierung als globalMode-n-WSP Fluidsysteme sind eine moderne Klassifizierung, die bislang noch keinen Eingang gefunden hat in die durch sichere Theorien abgesicherte, tradierte Fluidmechanik. Mehr noch: wir befinden uns auf einer nur durch vage Phänomenologien gestützten Schicht. Dünnen Eises.

Diese erste Untersuchung einer durch den fiktiven Gestaltungsansatz eines artifiziellen Daumenfittich an einem regulären technischen (Rechteck-) Tragflügel, bastardisierten Strömung zu beschreiben, kann in ihrer grobskaligen Art nach nur ein erster Beitrag sein, das physikalische Phänomen fluidmechanischer Wirbelspulen im allgemeinen und deren Design, Herstellung und Betrieb in und an einem Auftrieb erzeugenden Aggregat weiter zu verstehen. Obwohl die in diesem Aufsatz angesprochenen Wirbelfadenphänomene derzeit nicht auf der Agenda der (heimischen, wir sprechen deutsch) Forschungslabore stehen, fühle ich mich berufen, um experimentelle Untersuchungen bewegter Störkonturen in ruhenden Fluiden im Allgemeinen und die Beschreibung globalMode-n-WSP-Szenarien ebendort zu werben. Sodann wird man zeitnah feststellen, dass selbst derart trivial geglaubte Vorgänge, wie der Flug des singulären Vogelflügels im Freifeld oder in einem präparierten Korridor, ein vergleichsweise komplexes (Wechsel-) Wirbelgeschehen dort generiert. Wir werden alsdann sehen, dass das die Strömung konzentrierende Wirbelmantelsystem „ganz offenbar als Ganzes rotiert in einem ansonsten ruhenden, rotorfreiem Raum"; im Übrigen genauso, wie es die (reibungsfreie fluidische) Feldtheorie Maxwells[33] als Prämisse voraussetzt. Das wird die Argumentation um fluidmechanische Wirbelspulen nicht vereinfachen. Aber in Gang halten. Die Rotation des Wirbelmantels und damit die übergeordnet topologisch kohärente Bewegung einer recht großen zusammenhängenden fluidischen Struktur, die zudem noch ein inneres Milieu enthält und in der Lage ist, ein Feld durch Impulsinduktion zu organisieren, strapaziert die von Haller in den 2000er Jahren begründete Theorie der Lagrange kohärenten Strukturen (LCS) aufs Äußerste! In diesem Punkt bin ich in vitaler Sorge! Vielleicht wäre es – aus Berliner Sicht - einfach nur fair, darauf zu verzichten, die gut funktionierende LSC-Theorie Hallers nicht mit derlei phänomenologischer Kompliziertheit und laienhafter Subtilität zu überfrachten. Ratlos isses! Geehrtes Team Haller, das sollte zeitnah geklärt werden[34].

Die LSC-Theorie Hallers, das Kalkül der Wirbelsätze Helmholtz: es bleibt kompliziert. Verantwortung bedeutet ja immer, eine irgendwie geartete Antwort abwarten zu sollen. Erst wenn ein Wesen, etwa ein Hirsch im Wald, eine Ziege im Hain, auf das signifikante Zeichen des Jägers - ein Klicken der Waffe, ein Knacken im Unterholz, ein Zischen irgendwie, ein TWIKS-Riegel? - antwortet, kann und darf eben dieser Jäger seine ungleichberechtigte Waffe abfeuern. Im besten Falle: das Wild antwortet mit einem „Move"; der Jäger verantwortet dies, „mit einem Schuss, Peng". So das rezente Waidrecht. Im Brandenburgischen. Und genau so wollen wir „die wissenschaftliche Verantwortung" in unserer Sache sehen! Peng? Peng!

Als eine weitergehende und Forschungsaufgaben generierende Vermutung über bastardisierte Strömungen an Auftriebstragflächen nehme ich aus der vorliegenden Kampagne mit, dass es (vielleicht) gar nicht erforderlich ist, nach einer ausbalancierten Geometrie zwischen einem Hauptflügel und einem (oder zwei?) Daumenfittichen zu suchen. Vielmehr ließe sich in einem (oder mehreren) Anflügel der Art der Alula ein extraordinäres System darstellen, ein zusätzliches Konstrukt, in einem komplexen Auftriebsaggregat. Der Ansatz dieses numerischen Modells wäre derselbe wie in diesem Aufsatz, die die Anfangsrandbedingungen der Simulation sogar noch einfacher zu erfüllen. Die Vermutung einer fluidmechanischen Ergänzung ist auch bei der Übertragung der physikalischen Wechselwirkungen der bastardisierten Strömung als Lösungsprinzip aus der belebten Natur (hier tritt der Daumenfittich in Kombination zu einem mehrgängigen Wirbelspulensystem (globalmode5WSP beim roten Milan, beispielsweise) in innovative Zukunftstechnik (hier herrscht auch heute und wohl noch eine Weile der rauten- oder rechteckförmige Tragflügel vor) im Sinne der an Anwendungen orientierten Bionik, hilfreich und dankbar. Das wird zu untersuchen sein.

Es werden theoretische Untersuchungen sein, mit numerischen Modellen und von Computern unterstützten Simulationen. Und die Untersuchungen werden nicht in diesem Hause erfolgen. Das ist irgendwie schade. Simulationskampagnen ohne meine lieben Freunde, aber leider auch ohne meine kritischen Kontrahenten[35].

Michel Felgenhauer, Berlin im Frühjahr 2024

Michel Felgenhauer ist das Pseudonym des Motorenbauers Michael Dienst aus Wiesbaden.
Ich lebe und arbeite in Berlin.
Martha Felgenhauer stirbt 1943 als junge Frau in Ziegenhals, Schlesien. Die sie kannten sagen,
wir seien wesensverwandt. Gelegentlich also erzähle ich meiner Großmutter Geschichten aus
der fröhlichen Wissenschaft. Winter 2023/24.

Bibliographie, Quellen und weiterführende Literatur

[Abbo-59]   Ira H. Abbott, Albert E. von Doenhoff: Theory of Wing Sections: Including a Summary of Airfoil Data. Dover Publications, New York 1959.

[Alva-01]   Alvarez J. C., Meseguer J., Meseguer E., Pérez A. On the role of the alula in the steady flight of birds. Ardeola, 2001, 48, 161–173.

[BaNe-98]   Barthlott, W.; Neinhuis, C.: Lotusblumen und Autolacke – Ultrastruktur pflanzlicher Grenzflächen und biomimetische unverschmutzbare Werkstoffe. Biona Report 12, Schriftenreihe der Wissenschaften und der Literatur, Mainz. Gustav Fischer-Verlag, Stuttgart 1998.

[Bann-02]   Bannasch, Rudolph. Vorbild Natur. In: design report 9/02, S.20ff. Blue. C Verlag Stuttgart: 2002.

[Bapp-99]   Bappert, R. Bionik, Zukunftstechnik lernt von der Natur. SiemensForum München/Berlin und Landesmuseum für Technik und Arbeit in Mannheim (Herausgeber): 1999

[Bat - 12] Batchelor, B.G, & Whelan, P.F. (2012) Intelligent Vision Systems for Industry. Springer, London.

[Bech-93]   Bechert, D.W.: Verminderung des Strömungswiderstandes durch bionische Oberflächen. In: VDI-Technologieanalyse Bionik, S. 74 – 77. VDI-Technologie-zentrum Düsseldorf 1993.

[Bech-97]   Bechert, D.W., Biological Surfaces and their Technological Application. 28th AIAA Fluid Dynamics Conference: 1997
[Die 17-4]   Dienst, Mi. (2017) Superformance of Surfboard Fins. Bionik, Leistungsähnlichkeit und affine Skalierung. GRIN-Verlag GmbH München, ISBN(e-Book): 9783668377141, ISBN(Buch): 9783668377158

[Die15-7]   Dienst, Mi. (2015) Dossier über die Forschung der BIONIC RESEARCH UNIT der Beuth Hochschule für Technik Berlin, GRIN-Verlag GmbH München, ISBN (e-Book): 978-3-668-02183-9, ISBN (Buch) 978-3-668-02184-6.

[Die11-4]   Dienst, Mi.(2011) Methoden in der Bionik. Die Reynoldsbasierte Fluidische Fitness. GRIN-Verlag GmbH München.

[Die09-4]   Dienst, Mi.(2009) Physical Modelling driven Bionics. GRIN-Verlag München.

[DUB-95]   Dubbel, Handbuch des Maschinenbaus, Springer Verlag Berlin, 15.Auflage 1995.

[Eppl-90]   Richard Eppler: Airfoil Design and Data. Springer, Berlin, New York 1990.

[Fel-23] Felgenhauer, Mi. (2023) Fluid-Filament-Wechselwirkung (FFWW). Vortex-SuPerformance. Grin-Verlag München, ISBN: 9783346804464, V1321098

[Fel-20]   Felgenhauer, M. (2020) Die Verteilung von Induktionswirkungen Lagrange Kohärenter Objekte. Zur Topographie und Kondition von Geschwindigkeits-feldern. GRIN Verlag, München. ISBN 9783346142146

[Fel 22-8]   Felgenhauer, Mi. (2022). Morphismen und Impulswirksamkeit Lagrange Kohärenter Fluids within Fluid Systeme. Zur Induktionswirkung topologisch gleicher Wirbelfilamente. GRIN-Verlag GmbH München, ISBN(e-Book): 9783346595799?? ISBN (Buch): 9783346699688, VNR: v1252942

[Fel 22-6]   Felgenhauer, Mi. (2022). Fluid within Fluid Modellierung. Methoden für das FwF Computing. GRIN-Verlag GmbH München, ISBN(e-Book): 9783346662620; ISBN (Buch):9783346662637, VNR: v1234590

[Fel 22-5]   Felgenhauer, Mi. (2022). Modelle und Simulation synthetischer Wirbelspulen. GRIN-Verlag GmbH München, ISBN (eBook): 9783346656353, VNR: v1225465

[Fel 22-4]   Felgenhauer, Mi. (2022). Proposal of "Fluid within Fluid" Models. GRIN-Verlag GmbH München, ISBN(e-Book): 9783346647924. VNR: v1215475

[Fel 22-3]   Felgenhauer, Mi. (2022). Aspekte von „Fluid within Fluid" Modellen. GRIN-Verlag GmbH München, ISBN(e-Book): 9783346648280.

[Fel 22-2]   Felgenhauer, Mi. (2022). Prospekte der Simulation von „Fluid within Flud Strukturen" in gewöhnlichen Strömungsfeldern. Prospects of „FwF" Computing in ordinary Fluidfields. GRIN-Verlag GmbH München, ISBN(e-Book): 9783346648334. ISBN (Buch): 9783346648341, VNR: v1215394

[Fel 22-1]   Felgenhauer, Mi. (2022). Zur Fluids within Fluid Phänomenologie. Thoughts on a FwF Phenomenology. GRIN-Verlag GmbH München, ISBN(e-Book): 9783346595799 ISBN (Buch): 9783346595805, VNR: v1172544

[Fli-02] Flindt, R. (2002) Biologie in Zahlen Berlin: Spektrum Akademischer Verl.

[Fren-94]   French, M.: Invention and Evolution: design in nature and engineering. Cambridge University Press. Cambridge 1994.

[Fren-99]   French, M.: Conceptual Design for Engineers. Berlin, Heidelberg, New York, London, Paris, Tokio: Springer: 1999

[Gel-10]   Produktinformation, 05 2010, GELITA 69412 Eberbach. www.gelita.com

[Guen-98]   Günther, B., Morgado, E. (1998) Dimensional analysis and allometric equations concerning Cope's rule.RevistaChilena de Historia Natural 71: 1989

[Gör-75]   Görtler, H. Diemensionsanalyse. Berlin Springer 1975

[Gorr-17]   Edgar Gorrell, S. Martin: Aerofoils and Aerofoil Structural Combinations. In: NACA Technical Report. Nr. 18, 1917.

[Guen-66]   Günther, B., Leon, B. (1966) Theorie of biological Similarities, nondimensional Parameters and invariant Numbers. Bulletin ofMathematicalBiophysics Volume 28, 1966.

[Gutm-89]   Gutmann, W.: Die Evolution hydraulischer Konstruktionen. Verlag W. Kramer: Frankfurt am Main, 1989.

[Hal-10]   G. Haller. (2010) A variational theory of hyperbolic Lagrangian Coherent Structures. Physica D: Nonlinear Phenomena,240(7):574–598,2010.

[Hal-00]   G. Haller, G.Yuan Lagrangian coherent structures and mixing intwo-dimensional turbulence, Division of Applied Mathematics, Lefschetz Center for Dynamical Systems, Brown University, Providence, RI 02912, USA Received 11 February 2000;

[Hal-01]   Haller, G. (2001). Distinguished material surfaces and coherent structures in three-dimensional fluid flows. Physica D: Nonlinear Phenomena, 149(4),

[Hal - 05] Haller, G. (2005) An objective definition of a vortex J. Fluid Mech. 525, 1-26.

[Hal-11]   Haller, G. (2011). A variational theory of hyperbolic Lagrangian coherent structures. Physica D: Nonlinear Phenomena, 240(7),
Haller, G. (2015). Lagrangian coherent structures. Annual Review of Fluid Mechanics,

[Hal-14]   Farazmand, M., Blazevski, D., & Haller, G. (2014). Shearless transport barriers in unsteady two-dimensional flows and maps. Physica D: Nonlinear Phenomena, ESSOAr

[Hal - 13] Haller, G., & Beron-Vera, F. J. (2013) Coherent Lagrangian vortices: The black holes of turbulence. J. Fluid Mech., 731, R4, 2013.

[Hal – 15-1] Haller, G. (2015) Lagrangian Coherent Structures. Annual Rev. Fluid. Mech, 47, 137-162.

[Hal – 15-2] Haller, G. (2015) Dynamically consistent rotation and stretch tensors for finite continuum deformation. submitted.

[Hal-16]   Haller, G., Hadjighasem, A., Farazmand, M., & Huhn, F. (2016). Defining coherent vortices objectively from the vorticity. Journal of Fluid Mechanics, 795

[Hel - 1858] Helmholtz, H. (1858) über Integrale der hydrodynamischen Gleichungen, welche den Wirbelbewegungen entsprechen. J. Reine und Angew. Math. 55, 25-55.
[Hüt-07]   Hütte, 2007, 33. Auflage, Springer Verlag. S.E147

[Hus - 86] Hussain, A. K. M. F. (1986) Coherent structures and turbulence. J. Fluid Mech. 173, 303

[Hun - 88] Hunt, J. C. R., Wray, A. A. & Moin, P. (1988) Eddies, stream, and convergence zones in turbulent flows. Center for Turbulence Research Report CTR-S88, pp. 193{208

[Hux-32]   Huxley, J.S. (1932) Problems of relative Growth. London: Methuen.

[Kar-35]   Karman von,T. Burgess J.M. (1935) General aerodynamic theory: perfect fluids, In Aerodynamic Theory vol. II (cd. W. F. Durand), p. 308. Leipzig: Springer Verlag.

[Katz-01]   Joseph Katz, Allen Plotkin (2001) Low-Speed Aerodynamics (Cambridge Aerospace Series) Cambridge University Press; 2 edition (February 5, 2001)

[Kab-89] Kaschub, M. (1989) Beitrag zur aerodynamischen Leistungsregelung des Wirbelspulen-Windenergie-Konzentrators. Fortschrittsberichte VDI Reihe 7 Nr. 163, VDI-Verlag Düsseldorf.

[Kra-86] Krasny, R. (1986) Desingularization of Periodic Vortex Sheet Roll-up. Courant Instirute oJ' Mathematical Sciences, New York Unioersity, 251Mercer Street, Nen, York, New York 10012, received November 15, 1981; revised July 25, 1985

[Kat-19]   Katsanoulis, S., Farazmand, M., Serra, M., & Haller, G. (2019). Vortex boundaries as barriers to diffusive vorticity transport in two-dimensional flows. arXiv preprint arXiv:1910.07355 .

[Ker-17]   Kern, M., Hewson, T., Sadlo, F., Westermann, R., & Rautenhaus, M. (2017). Robust detection and visualization of jet-stream core lines in atmospheric flow. IEEE transactions on visualization and computer graphics, 24(1), 893{902.

[Liao-03]   Liao, J.C.; Beal, D.; Lauder, G.; Triantayllou, M. Fish Exploting Vortices Decrease Muscle Activty.In: Science 2003, S. 1566-1569. AAAS. 2003.

[Lech-14] Lecheler, S. (2014) Numerische Strömungsberechnung Springer Verlag Berlin Heidelberg. ISBN 978-3-658-05201-0

[Lun-82]T. S. Lundgren, T.S. (1982) Strained spiral vortex model for turbulent fine structure, The Physics of Fluids 25, 2193 (1982); https://doi.org/10.1063/1.863957

[Matt-97]   Mattheck, C.: Design in der Natur. RombachVerlag. Freiburg 1997.

[McW - 84] McWilliams, J. C., (1984) The emergence of isolated coherent vortices in turbulent flow. Fluid Mech. 146, 21-43.

[McW - 84] McWilliams, J. C., 1984 The emergence of isolated coherent vortices in turbulent flow. Fluid Mech. 146, 21-43

[Mial-05]   B. Mialon, M. Hepperle: "Flying Wing Aerodynamics Studies at ONERA and DLR", CEAS/KATnet Conference on Key Aerodynamic Technologies, 20.-22. Juni 2005, Bremen.

[Mof-84] Moffatt, K.H. (1984) Simple topological aspects of turbulent vorticity dynamics In: Turbulence and Chaotic Phenomena in Fluids, ed. T. Tatsumi (Elsevier) 223-230.

[Nach-71]   Nachtigall, W. Kempf, B. (1971) Vergleichende Untersuchungen zur flugbiologischen Funktion des Daumenfittichs (Alula spuria) bei Vögeln. I. Der Daumenfittich als Hochauftriebserzeuger. Zoologische Institut der Universitäten Saarbrücken und München. Z. vergl. Physiologie 71, 326--341 (1971) Springer-Verlag.

[Nach-01]   Nachtigall, W. (2001) Biomechanik. Braunschweig: Vieweg Verlag.

[Nach-98]   Nachtigall, W. : Bionik – Grundlagen und Beispiele für Ingenieure und Naturwissenschaftler. Springer-Verlag, Berlin-Heidelberg-New York 1998.

[Nach-00]   Nachtigall, Werner; Blüchel, Kurt. Das große Buch der Bionik. Stuttgart: Deutsche Verlags Anstalt: 2000.

[Oert-11]   Oerteljr., H., Böhle, M., Reviol, Th. (2011) Strömungsmechanik, Grundlagen.Springer Verlag Berlin Heidelberg. ISBN 978-3-8348-8110-6

[PaBe-93]   Pahl. G.; Beitz, W.: Konstruktionslehre, 3.Auflage. Berlin- Heidelberg-New York-London-Paris-Tokio: Springer 1993

[Pflu-96]   Pflumm, W. (1996) Biologie der Säugetiere. Berlin: Blackwell Wissenschaftsverlag.

[Pei-89] Peintinger, G. (1989) Theoretische und experimentelle Untersuchun-gen an einem Segelflügel-Windkonzentrator. Dissertation FB10 Technische Universität Berlin 1989.

[Rech-94]   Rechenberg, Ingo. Evolutionsstrategie'94. Frommann-Holzoog Verlag. Stuttgart: 1994.

[Scha-13]   Schade, H. (2013) Strömungslehre. De Gruyter Verlag. ISBN-13: 978-3110292213

[Schü-02]   Schütt, P., Schuck, H-J., Stimm, B. (2002) Lexikon der Baum- und Straucharten. Nikol, Hamburg, ISBN 3-933203-53-8

[Sun-16]   Sun,P.N., Colagrossi, A. Marrone, S. , Zhang, A.M, (2016) Detection of Lagrangian Coherent Structures in the SPH framework, College of Shipbuilding Engineering, Harbin Engineering University, Harbin 150001, China; CNR-INSEAN, Marine Technology Research Institute, Rome, Italy; Ecole Centrale Nantes, LHEEA Lab. (UMR CNRS), Nantes, France.

[Tham-08]   Siekmann, H.E., Thamsen, P. U. (2008) Strömungslehre Grundlagen, Springer Verlag Berlin Heidelberg. ISBN 978-3-540-73727-8

[Tho-59]   Thompson, D'Arcy, W. (1959) On Growth and Form. London: Cambridge University Press. (Neuauflage der Originalschrift 1907)

[Tho-92]   Thompson, D W., (1992). On Growth and Form. Dover reprint of 1942 2nd ed. (1st ed., 1917). ISBN 0-486-67135-6

[Tria-95]   Triantafyllou, M.: Effizienter Flossenantrieb für Schwimmroboter. In: Spektrum der Wissenschaft 08-1995, S. 66–73. Spektrum der Wissenschaft- Verlagsgesellschaft mbH, Heidelberg 1995.

[Tria-87]   Triantafyllou M., Kupfer K., Bers A. (1987) Absolute instabilities and self-sustained oscillations in the wakes of circular cylinders. Physical Review Letters 59, 1914–1917. ADSCrossRefGoogle Scholar

[Tria-91]   Triantafyllou M., Triantafyllou G. S., Gopalskrishnan R. (1991) Wake Mechanics for Thrust Generation in Oscillating Foils, Physics of Fluids A, 3 (12), pp. 2835–2837.ADSCrossRefGoogle Scholar

[Tria-92]   Triantafyllou M., Triantafyllou G. S., Grosenbaugh M. A. (1992) Optimal Thrust Development in Oscillating Foils with Application to Fish Propulsion, Journal of Fluids and Structures (Accepted for Publication)Google Scholar

[Vos-15-2]   M. Voß, H.-D. Kleinschrodt, Mi. Dienst: "Experimentelle und numerische Untersuchung der Fluid-Struktur-Interaktion flexibler Tragflügelprofile", Resarch Day 2015 - Stadt der Zukunft Tagungsband - 21.04.2015, Mensch und Buch Verlag Berlin, S. 180- 184, Hrsg.: M. Gross, S. von Klinski, Beuth Hochschule für Technik Berlin, September 2015, ISBN:978-3-86387-595-4.

[Vos-15-1]   M. Voss, P.U. Thamsen, H.-D. Kleinschrodt, Mi. Dienst (2015): "Experimeltal and numerical investigation on fluid-structure-interaction of auto-adaptive flexible foils", Conference on Modelling Fluid Flow (CMFF'15), Budapest, Ungarn, 1.-4. September 2015, ISBN (Buch): 978-963-313-190-9.

[Vos-15-2]   M. Voss, (2015) Experimentelle und numerische Untersuchung flexibler Tragflügelprofile. Dissertation, Technische Universität Berlin 2015.

[Zie - 72]   Zierep, J. (1972) Ähnlichkeitsgesetze und Modellregeln der Strömungslehre.

---

[1] Ludwig Prandtl (* 4. Februar 1875 in Freising; † 15. August 1953 in Göttingen) war ein deutscher Ingenieur. Er lieferte bedeutende Beiträge zum grundlegenden Verständnis der Strömungsmechanik und entwickelte die Grenzschichttheorie. 1931 erschien sein Lehrbuch Führer durch die Strömungslehre, das von Anfang an als das Standardwerk der Strömungslehre galt. https://de.wikipedia.org/wiki/Ludwig_Prandtl
Der Satz von Kutta-Joukowski beschreibt in der Strömungslehre die Proportionalität zwischen dynamischen Auftriebs und Zirkulation. https://de.wikipedia.org/wiki/Satz_von_Kutta-Joukowski
[2] [Abbo-59] Ira H. Abbott, Albert E. von Doenhoff: Theory of Wing Sections: Including a Summary of Airfoil Data. Dover Publications, New York 1959.
[3] Felgenhauer, Mi. (2022). Fluid within Fluid Modellierung. GRIN-Verlag GmbH München, ISBN (Buch):9783346662637.
[4] Felgenhauer, Mi. (2023). The globalMode5 Vortex Coil. Fluid flow in Spiral Vortex structures. ISBN (Buch): 9783346874771;
[5] In der Luftfahrt bezeichnet Abwind (englisch downwash) einen technischen Abwind, wie er von Flugzeugen und Hubschraubern von den Tragflächen bzw. Rotoren bei der Erzeugung von dynamischem Auftrieb entsteht. https://de.wikipedia.org/wiki/Abwind
[6] Bei Wirbelschleppen, auch Wirbelzöpfe oder Randwirbel genannt, handelt es sich um zopfartige, gegenläufig drehende Luftverwirbelungen hinter fliegenden Flugzeugen. Ihre Intensität ist vor allem vom Gewicht des Flugzeuges abhängig. Die Lebensdauer wird von Wind und Atmosphäre beeinflusst. Im Zentrum der Wirbel ist der Luftdruck vermindert. Bei hoher Luftfeuchtigkeit kann dort Kondensation einen schmalen, sichtbaren Streifen erzeugen, der direkt hinter den Flügelspitzen beginnt. https://de.wikipedia.org/wiki/Wirbelschleppe
[7] Die Suche nach rezenten Forschungsfragen zu diesem Thema lässt sich in drei Bereiche aufteilen:
1. Wirbelerkennung und -vorhersage
Die Entwicklung von Methoden zur Abschätzung des Wirbelverhaltens, z. B. in Abhängigkeit meteorologischer Kennwerte, lassen eine theoretische Wirbelvorhersage z. B. in Computermodellen zu. Die physikalischen Prozesse des Transports und der Abschwächung der Wirbel in der Erdatmosphäre sind verstanden. Wirbelschleppen können mittels eines gepulsten LIDARs beobachtet werden.
2. Wirbelvermeidung
Durch Entwicklung von Flugzeugen mit günstiger Wirbelcharakteristik wird versucht, die Wirbelstärke zu verringern. Es ist außerdem nachgewiesen, dass Flugzeugwirbelschleppen durch die Erzeugung von Mehr-Wirbel-Systemen abgeschwächt werden können.
Um direkt am Flugzeug konstruktiv die Wirbelschleppenbildung zu vermindern, gibt es folgende Überlegungen: Die Turbinen von Strahltriebwerken versetzen die hinten austretende Luft in Rotation. Wenn diese Luft sich mit den Randwirbeln der Tragfläche vereint, entsteht je nach Drehsinn ein schwächerer, oder ein stärkerer Wirbel. Da die Randwirbel der Tragflächen einen entgegengesetzten Drehsinn haben, müssten die Turbinen ebenfalls links und rechts einen entgegengesetzten Drehsinn haben, um beide Randwirbel abzuschwächen. Es entstehen allerdings erhebliche zusätzlichen Kosten für die Bereitstellung von Turbinen mit unterschiedlichem Drehsinn. Ein speziell verkleidetes Fahrwerk wird schon frühzeitig ausgefahren. Auch das schwächt die problematischen Wirbel.
Landeklappen und Querruder werden nicht ganz an den Rumpf herangeführt. So entsteht an dieser Stelle ein gegenläufiger Wirbel, der die Wirbelschleppe schwächt.
3. Wirbelverträglichkeit
Der dritte Teil der Forschung bezieht sich auf die Entwicklung von Methoden zur Erhöhung der Sicherheit bei Einflug in eine Wirbelschleppe, damit es z. B. bei Einflug in solche Wirbel nicht zu Klappenabrissen kommt. https://de.wikipedia.org/wiki/Wirbelschleppe
[8] Ingo Rechenberg (* 20. November 1934 in Berlin; † 25. September 2021 ebenda) war einer der Mitbegründer des Einsatzes von evolutionsbiologischen Algorithmen in den Ingenieurwissenschaften. Er war ab 1972 Professor für Bionik an der Technischen Universität Berlin und Leiter des Lehrstuhls für Bionik und Evolutionstechnik an der TU Berlin.
[9] Winglets (wörtlich: englisch Flügelchen) bzw. Sharklets (Bezeichnung für Winglets bei Airbus), deutsch Flügelohren[1], sind meistens nach oben und seltener nach oben und unten verlängerte Außenflügel an den Enden der Tragflächen von Luftfahrzeugen. Sie sorgen für eine bessere Seitenstabilität, verringern den induzierten Luftwiderstand und verbessern so den Gleitwinkel sowie die Steigzahl bei niedriger Geschwindigkeit. https://de.wikipedia.org/wiki/Winglet
[10] VANCE A. TUCKER (1993) GLIDING BIRDS: REDUCTION OF INDUCED DRAG BY WING TIP SLOTS BETWEEN THE PRIMARY FEATHERS. J. exp. Biol. 180, 285-310 (1993)

[11] M. J. Smith·, N. Komerath+, R. Ames-, O. Wong-, (2001) PERFORMANCE ANALYSIS OF A WING WITH MULTIPLE WINGLETS; School of Aerospace Engineering, Georgia Institute of Technology, Atlanta, Georgia and J. Pearson, Star Technology and Research, Inc., Mount Pleasant, South Carolina.

[12] Cosin, R. , Catalano, F.M. , Correa, L.G.N. , Entz, R.M.U. (2010) AERODYNAMIC ANALYSIS OF MULTI-WINGLETS FOR LOW SPEED AIRCRAFT Engineering School of São Carlos - University of São Paulo.

[13] Hariprasad Thimmegowda (2016) Computational and Experimental Analysis of Multi-Winglet at Low Subsonic Speed Conference Paper · August 2016

[14] A. A. Rodríguez Sevillano *, R. Bardera Mora **, M.A. Barcala Montejano*, E. Barroso Barderas ** and I. Díez Arancibia *. (2019) Design of Multiple Winglets for Enhancing Aerodynamics in a Micro Air Vehicle. 8TH EUROPEAN CONFERENCE FOR AERONAUTICS AND SPACE SCIENCES (EUCASS)

[15] Zang, Wang und Fu (2019) GENERATION MECHANISM AND REDUCTION METHOD OF INDUCED DRAG PRODUCED BY INTERACTING WINGTIP VORTEX SYSTEM. School of Aerospace Engineering Tsinghua University, Beijing, China

[16] Andrew Ning, Ilan Kroo (2010) Multidisciplinary Considerations in the Design of Wings and Wing Tip Devices. Brigham Young University – Provo, and Stanford University

[17] Samuel Merryisha1, Parvathy Rajendran (2019) Review of Winglets on Tip Vortex, Drag and Airfoil Geometry School of Aerospace Engineering, Universiti Sains Malaysia, Engineering Campus. Journal of Advanced Research in Fluid Mechanics and Thermal Sciences 63, Issue 2 (2019) 218-237

[18] Scholz, D. (2018) Definition and discussion of the intrinsic efficiency of winglets, Aircraft Design and Systems Group (AERO), Hamburg University of Applied Sciences; Aerospace Europe CEAS 2017 Conference, 16th-20th October 2017, Palace of the Parliament, Bucharest, Romania, Technical session Aircraft and Spacecraft Design

[19] R. Balagurumurugan, A.Yadav, A. Ahmed R, S. Narayanan S (2016) Experimental study of single and multi-winglets. Article in Advances and Applications in Fluid Mechanics · April 2016.

[20] E. S. Abdelghany , E. E. Khalil, O. E. Abdellatif and G. ElHarriri (2016) WINGLET CANT AND SWEEP ANGLES EFFECT ON AIRCRAFT WING PERFORMANCE in Proceedings of the 17 MP 258 th Int. AMME Conference, 19-21 April, 2016

[21] Altab Hossain, Ataur Rahman, A.K.M. P. Iqbal, M. Ariffin, and M. Mazian (2011) Drag Analysis of an Aircraft Wing Model with and without Bird Feather like Winglet, World Academy of Science, Engineering and Technology, International Journal of Aerospace and Mechanical Engineering. Vol:5, No:9, 2011

[22] S H S Putro, B J Pitoyo, N Pambudiyatno, Sutardi, and W A Widodo (2020) Comparison of the winglet aerodynamic performance in unmanned aerial vehicle at low Reynolds number. IOP Conf. Series: Materials Science and Engineering 1173 (2021) 012002 2

[23] Stache, M.(2006): Evolutionsstrategisches Design von Tragflügelspitzen. DGLR- Jahrbuch, DGLR-2006-200, 2006, pp. 1131-1138.

[24] Hamid Yusoff, Koay Mei Hyie,*, Halim Ghaffar, Aliff Farhan Mohd Yamin, Muhammad Ridzwan Ramli, Wan Mazlina Wan Mohamed, Siti Nur Amalina Mohd Halidi (2022): The Evolution of Induced Drag of Multi-Winglets for Aerodynamic Performance of NACA23015, Journal of Advanced Research in Fluid Mechanics and Thermal Sciences 93, Issue 2 (2022) 100-110.

[25] [PaBe-93]   Pahl. G.; Beitz, W.: Konstruktionslehre, 3.Auflage. Berlin- Heidelberg-New York-London-Paris-Tokio: Springer 1993.
https://www.academia.edu/43968020/Engineering_Design_A_Systematic_Approach

[26] Beispiel 1: Seit langem, vielleicht seit aller Fischer Zeiten ist bekannt, dass wandernde Salmoniden (Lachsartige, etwa Forellen) allein durch konsequentes Schwimmen ihre Laichplätze an den Flussquellen nicht erreichen. Triantofffff konnte (xxx) zeigen, dass Salmoniden durch gezielte Flossenschläge den in der Strömung vorgefundenen Wirbelstruk-turen, weitere, ergänzende Wirbel beifügen, um dann diese vervollständigten Karman'schen Wirbel energetisch „abzuernten"! Dazu warten Sie hinter Felsen im Bach ab, bis geeignete Wirbelstrukturen auftauchen. Auf diesen Steinen wiederum sitzen gelegentlich Gizzlybären und warten darauf, dass Lachse auftauchen. Das Lösungsprinzip, die Wirbelergänzung ist bekannt, hat sich aber als derart komplex erwiesen, dass es sich bis heute einer technischen Unsetzung entzieht.

Beispiel 2: Der Formwiderstand von Pinguinen bremst deren Geschwindigkeit im Wasser ein. Erst wenn die so genannte „akustische Länge" dieser biologischen Strömungskörper eine harmonische Form einnimmt (das mehrfache-Vielfache), wird ein Geschwindigkeitswall beim Voranschwimmen überwunden. Seit Darwin war bekannt, dass die absoluten Größen der Pinguine von den Galapagos Inseln bis zum Südpol in einer seltsamen Weise „gestuft" sind. Heute wissen wir: Es sind genau die akustisch Harmonischen der Pingiun-Körperlänge .

Beispiel 3: Die Reisegeschwindigkeit der Delfine von über 80 km/h liegt deutlich über der theoretisch erwartbaren Systemgeschwindigkeit dieser Tiere. Heute wissen wir, dass die fluidmechanisch aktive Delfinhaut als Organ „singen" kann, was einen Einfluss hat auf die fluidmechanische Grenzschicht an der Körperoberfläche, den Resonanzfrequenzen. Als der „eiserne Vorhang fiel" war Prof. B. ein gern gesehener Gast in unserer Freitagsrunde im FG Bionik. Alles was ich über Delfine weiß, weiß ich von ihm. Er erzählte uns, dass Delfine sich „schütteln" um ihre Grenzschicht zu stabilisieren. So eine Art Lösungsprinzip für den Friktionswiderstand. Heute herrscht Krieg. Und alleine Frau Bärbock (Berbok, Bärbock, Berbock, Bärbok) weiß noch Bescheid darüber, wer Freund ist und wer Feind. Beste Analena. Ich würde Ihnen zuliebe gerne und sofort anfangen, mein wohlwollendes Gegenüber Ivan zu hassen und zu töten, wenn ich nur verstehen könnte, welchen Sinn Sie dahinter sehen. Es ist für mich überhaupt kein Problem, hinter jedem Ukrainer einen Guten zu sehen. Es ist für mich überhaupt kein Problem zu verstehen, weshalb die Sovietunion sauer war und aufgebracht ist, dass die westlichen Staaten gelogen hatten, als sie versprachen Rückhaltung zu üben.

Beispiel 4: Dass Katzen auf ihre Pfoten fallen, war schon den alten Ägyptern ein Rätsel aber bekannt und eine göttliche Fügung. Heute wissen wir, dass Katzen in der Lage sind, durch einen gezielt beschleunigten Rotor ihres Schweifs dem Gesamtsystem (Katze) genau jenes notwendige Moment beizufügen, das eine vorteilhafte Landung gebiert. Ohne numerische Simulationen hätten wir das vielleicht nicht herausgefunden. Und würden weiterhin Katzen werfen. Das Lösungsprinzip Lautet: „kinetische Ergänzung". Es ist wenig bekannt. Vielleicht begegnen wir irgendwann Robotern und künstlich Intelligenten, die das wunderbare und grundlegende Buch von Rolf Pfeifer und Josh Bongard zum Thema gelesen haben. (Rolf Pfeifer and Josh Bongard (2006). How the Body Shapes the Way We Think, A New View of Intelligence, by Rolf Pfeifer and Josh Bongard. The MIT Press. ISBN 978026253742)

Beispiel 5: Gänsegeier sehen Beute an, ob diese intakt ist oder invalide (Lösungsprinzip). Es lohnt sich so oder so für einen Geier nicht, ein vital biologisches System anzufliegen. Wir sprechen hier von einer fluidmechanisch errungenen Höhe von 200m über Grund. Der Geier: Erst wenn vermeintliche Opfer „nichtelegante" Bewegungen ausführen, geben Geier ihre Flughöhe auf, landen und laden Vorrat auf; für ihre Baby-Geier, die auf Nahrung warten. Das Gespür der Geier für Eleganz ist ein schlecht untersuchtes Phänomen. Aber das Lösungsprinzip taugt auch zur Erklärung von Vandalismus bei Menschen.

Beispiel 5: Zugvögel besitzen eine sechsten, einen weiteren Sinn, um magnetische Feldlinien zu lesen. In den Zellen des einen Auges der Flieger sind vermehrt Eisenverbindungen nachweisbar. Rein theoretisch sollte das zu einer „Verzerrung" der optischen Wahrnehmung dort führen, während das „Referenzauge klar sieht" (Lösungsprinzip). Asymmetrische Signalverzerrung als Phänomen lässt sich auf Sinneswahrnehmungen im Allgemeinen und auf Technik anwenden.

Beispiel 6: Die ursprüngliche Idee war, durch Wassereinspeisung in den dieselmotorischen Arbeitsprozess die Rate der schädlichen Stickoxyde zu reduzieren (das Lösungsprinzip). Als man in der Versuchsanlage auch Dieselmotoren mit Abgasturbolader mit Diesel-Wasser-Emulsionen fuhr, stellte man fest, dass sich (I) die Massenbilanz der Abgasturbine vorteilhaft entwickelt, was sich auf den angeforderten Ladedruck auswirkt. Phänomen (II): Wendet man Nach-behandlungsmethoden an, bei denen sich Rußpartikel bei einer Taupunktunterschreitung an Aerosole heften, besitzt man ist ad hoc eine ganze Schar innovativer Abgasreinigungsverfahren.

Dass wir diese Auflistung und an dieser Stelle (weiß Gott?) unvollendet abbrechen wollen, ist auch ein guter Grund, zumindest im wissenschaftlichen Bereich und in Anbetracht der so genannten Künstlichen Intelligenz KI, keine allzu großen (Existenz-) Ängste aufbauen zu sollen.

Solange jedenfalls Wissenschaft nicht als das Durchkämmen von Datenblöcken etablierter Fakten und die Zitation tradierter Theorien verstanden wird, bleibt Wissenschaft das wunderbar offene und unvollständige Gewebe, gerne auch das für ein einzelnes Forscherleben vorläufige Gestrüpp, das seit Jahrhunderten und mit jeder gelösten Aufgabe zehn neue unbeantwortete Fragen erzeugt. Uns hat man vor fast einem halben Jahrhundert erzählt, dass Forschung ein unvollständiges Gebäude ist und Wissen erschaffen eine Berufung. Heute ist Elfenbeinturm ein Schimpfwort, Bildung elitär und Forschung so ein Ego-Ding, eine kostspielige Freizeitbeschäftigung, die nicht mehr alimentiert werden sollte. Ich dachte, es sei nur so ein Ausrutscher, als ein führender Forscher und Vorgesetzter tatsächlich meinte: „Wir forschen nicht mehr. Wir machen jetzt „Big Data"". Ich hielt das für einen Witz und reagierte nicht. Warum auch. Drei Jahre später muss ich zurückrudern und angesichts der Meldung, die mir heute über den Bildschirm flattert, staunen: >>Die fünf beliebtesten Masterstudiengänge im Wintersemester 2022/23 führt an: Data Science: 100,0 Prozent <<. Wovon auch immer das 100% sind. Vorübergehend hatte (selbst) ich eine persönliche Chat-Botin Carla Grabowski, zu der ich an dieser Stelle nichts weiter ausführe, als eine Art konsultierende Assistentin um kleine Rechercheleistungen zum Stand der Technik und der Wissenschaft gebeten. Hier und da. Wenig hilfreich, das Dame. Weil die Chat-Botin ohnehin schlampig mit Quellen und Dritten umgeht, ist es jetzt auch kein großer Verlust, dass mich Carlas schlauer Anbieter OpenAI und seine andersbegabte Zuarbeiterin Google nicht zum ersten Mal mit ihrem elenden Zugriffs-Zirkus überziehen und ich die Verbindung zu Frl. Grabowski verloren habe; Data-Science halt. Ansonsten hätte ich sie an dieser Stelle gebeten zu recherchieren:

Beispiel 7: Big Data und Hydrocopter , .

27 [Nach-71]Nachtigall, W. Kempf, B. (1971) Vergleichende Untersuchungen zur flugbiologischen Funktion des Daumenfittichs (Alula spuria) bei Vögeln. I. Der Daumenfittich als Hochauftriebserzeuger. Zoologische Institut der Universitäten Saarbrücken und München. (Comparative studies on the function of the bastard wing (alula spuria) in the flight biology of birds. The alula as a producer of high lift.). Z. vergl. Physiologie 71, 326--341 (1971) Springer-Verlag.

28 Im Mai 1990 rief Prof. Dr. Werner Nachtigall die Gesellschaft für Technische Biologie und Bionik e.V. ins Leben. Als Gründungsmitglieder konnte er unter anderem seinen Kollegen Prof. Dr. I. Rechenberg von der TU Berlin, U. Rohde von der Schott Glaswerke AG (Mainz), Dr. H. Zinner von MBB (München), Prof. Dr. H. Grünewald von der Bayer AG (Leverkusen) sowie Prof. A. Weber von der BASF (Ludwigshafen) gewinnen.
Seitdem hat die Gesellschaft mit zahlreichen Publikationen und Veranstaltungen mitgeholfen, die Bionik als Wissenschaftsdisziplin sowohl in Deutschland als auch international bekannt zu machen.

29 im Originaltitel des Springer-Verlags: Comparative studies on the function of the bastard wing (alula spuria) in the flight biology of birds. The alula as a producer of high lift .

30 [Alva-01]Alvarez J. C., Meseguer J., Meseguer E., Pérez A. (2001). On the role of the alula in the steady flight of birds. Ardeola, 2001, 48, 161–173.

31 Felgenhauer, Mi. (2023). Fluid-Filament- Wechselwirkung (FFW), Vortex- SuPerformance. GRIN-Verlag GmbH

32 Der Rotmilan (Milvus milvus), auch Roter Milan, Gabelweihe oder Königsweihe genannt, ist eine Greifvogelart aus der Familie der Habichtartigen (Accipitridae). Der gut mäusebussardgroße, lang- und schmalflügelige Greifvogel hat seinen Verbreitungsschwerpunkt in Deutschland. Fast der gesamte Weltbestand ist in Europa beheimatet; (wikipedia) siehe auch: https://www.nabu.de/tiere-und-pflanzen/voegel/portraets/rotmilan/

33 Die klassischen Feldtheorien entstanden im 19. Jahrhundert und berücksichtigen daher noch nicht die erst aus der Quantenphysik bekannten Effekte. Die bekanntesten klassischen Theorien sind die Potentialtheorie – entstanden um 1800 aus der Erforschung von Erdfigur und Erdschwerefeld – und die Elektrodynamik, die von Maxwell um 1850 entwickelt wurde. Auch die Gravitation im Rahmen der allgemeinen Relativitätstheorie ist eine klassische Feldtheorie. Kräfte wirken hierbei kontinuierlich. (wikipedia)
Helmholtz: Mit der Aufstellung der Wirbelsätze (1858 und 1868) über das Verhalten und die Bewegung von Wirbeln in reibungsfreien Flüssigkeiten lieferte Helmholtz wichtige Grundlagen der Hydrodynamik. Die mathematischen Grundlagen wurden als Helmholtz-Theorem bekannt. In Untersuchungen zur Elektrodynamik suchte Helmholtz einen Kompromiss zwischen den Theorien von Franz Ernst Neumann und James Clerk Maxwell.

34 Haller 2023: Meet the Team. Prof. George Haller Prof. George Haller. Chair in Nonlinear Dynamics Institute for Mechanical Systems | ETH Zürich. LEE Bldg | M 210 | Leonhardstrasse 21 | 8092 | Zürich T. +41 44 633 82 50, Email Prof. George Haller.

35 Die finale Betrachtung und die Einführung eines Prozesswirkungsgrades ist der ungeschickte Schlussakkord einer ansonsten recht aufschlussreichen Untersuchung.